KB100426

지식 제로에서 시작하는 수학 개념 따라잡기

Newton Press 지음
곤노 노리오 감수
이선주 옮김

청어람e

들어가며

10을 몇 번 반복해서 곱하면 1000이 될까? 답은 세 번이다. '로그'는 이처럼 곱하기를 반복하는 횟수를 나타내는 것이다. 고등학교 수학에도 등장해 많은 고등학생을 괴롭히고 있다.

로그는 지금으로부터 약 400년 전 대항해시대에 태어났다. GPS가 없던 그때, 배의 정확한 위치를 알기 위해서는 엄청난 계산이 필요하였다. 천동설에서 지동설로 전환되기 시작하던 시대이기도 하여, 천문학 연구에서도 복잡한 계산이 많이 필요했다. 그 복잡한 계산을 간단하게 바꾸어주는 '마법의 도구'로 로그가 만들어진 것이다.

이 책에서는 로그의 탄생 역사와 개념을 재미있게 소개한다. 로그를 기본으로 만들어진 '계산자'나 '상용로그표'로 계산해보면 로그의 마법을 분명히 실감할 수 있을 것이다. 지금부터 로그의 세계에 푹 빠져보자!

차례

제2장 로그와 지수는 같은 것이었다!

제3장 지수와 로그의 계산 법칙

제4장 계산자와 로그표를 사용하여 계산해보자!

제5장 특별한 수 e를 사용한 자연로그

제1장
로그를 이해하기 위한 지수

2를 몇 번 반복해서 곱하면 8이 될까? 정답은 세 번이다.
무척 간단하지 않은가! 이것이 '로그'의 개념이다.
사실 이와 비슷한 개념으로 '지수'가 있다.
지수란 '같은 수를 반복하여 곱하는 횟수'를 말한다.
이 지수를 잘 알아두면 로그를 더 쉽게 이해하고 응용할 수 있다.
제1장에서는 먼저 지수의 개념을 익혀보자!

1 관측 가능한 우주의 크기는 880000000000000000000000000m

큰 수를 표기하기에 편리한 '지수'

우주는 우리가 크기를 정확하게 알 수 없을 정도로 광대하다. 인간은 이 광대한 우주를 어느 정도의 크기까지 관측할 수 있을까? 관측 가능한 우주의 크기를 미터로 표기하면 지름이 약 880000000000000000000000000m이다. **이처럼 엄청나게 큰 수를 쓸 때는 종종 '지수'를 이용한다. 지수란 '같은 수를 반복해서 곱하는 횟수'를 뜻한다.** 이 책의 주제인 '로그'와 지수는 밀접한 관계이다. 먼저 지수의 성질을 살펴보면서 로그 이야기로 들어갈 준비운동을 하자.

지수는 같은 수를 반복해서 곱하는 횟수

관측 가능한 우주의 크기를 지수로 표현하면 8.8×10^{26}m이다. 무척 간결하게 표기된다. 이것은 '8.8 곱하기 10의 26제곱 미터'라고 읽고, 8.8에 10을 26회 곱한 수라는 의미이다. 여기서 26처럼 같은 수(이 경우는 10)를 반복해서 곱하는 횟수를 '지수'라고 부른다.

큰 수를 지수로 나타낸다

약 880000000000000000000000000m는 0이 너무 많아 표기하기가 쉽지 않다. 이때 지수를 사용하면 8.8×10^{26}m로 간결하게 표현할 수 있다.

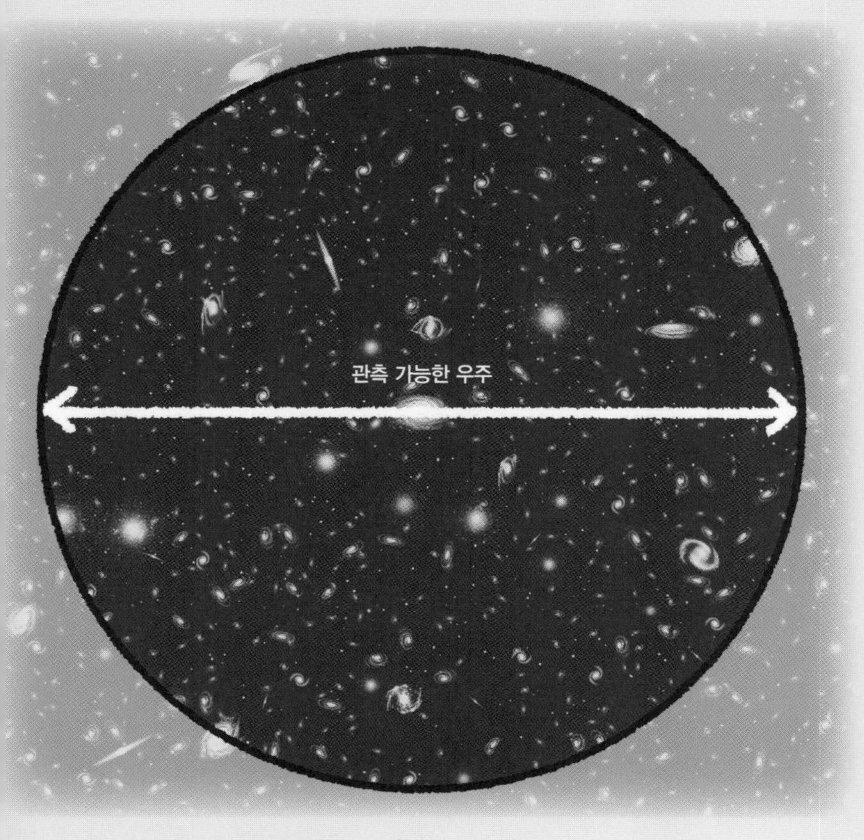

관측 가능한 우주의 크기
지름 약 880000000000000000000000000m = 8.8×10^{26}m

2 원자핵의 크기는 0.000000000000001m

지극히 작은 수도 지수로 나타낼 수 있다

지수는 지극히 작은 수를 나타낼 때도 편리하다. 예를 들어 자연계의 수많은 물질을 구성하는 원자는 중앙에 극히 작은 원자핵을 가지고 있다. 수소 원자의 원자핵의 지름을 미터로 표기하면 약 0.000000000000001m이다.

이 수를 지수를 사용하여 나타내면 $1.0\times(\frac{1}{10})^{15}$이 된다. $1.0\times(\frac{1}{10})^{15}$는 '1.0 곱하기 10분의 1의 15제곱'이라고 읽는다. 의미는 1.0에 $\frac{1}{10}$을 15회 곱한 수다.

음의 기호를 사용하여 표현한다

1보다 작은 수를 반복해서 곱할 때는 지수를 음수로 나타낼 수 있다. $1.0\times(\frac{1}{10})^{15}$는 음의 기호(−)를 사용하여 1.0×10^{-15}라고 표기할 수 있다.* 1.0×10^{-15}는 '1.0 곱하기 10의 마이너스 15제곱'이라고 읽는다. 이때 지수는 −15이다.

이처럼 지수를 사용하면 매우 큰 수뿐 아니라, 지극히 작은 수도 간결하게 나타낼 수 있다.

* 음의 지수에 대해서는 66~67쪽에서 자세히 소개한다.

작은 수를 지수로 나타낸다

수소 원자의 원자핵 지름은 약 0.000000000000001m이다. 0이 몇 개 있는지 세기조차 어렵다. 지수를 사용하면 1.0×10^{-15}m와 같이 간결하게 나타낼 수 있다.

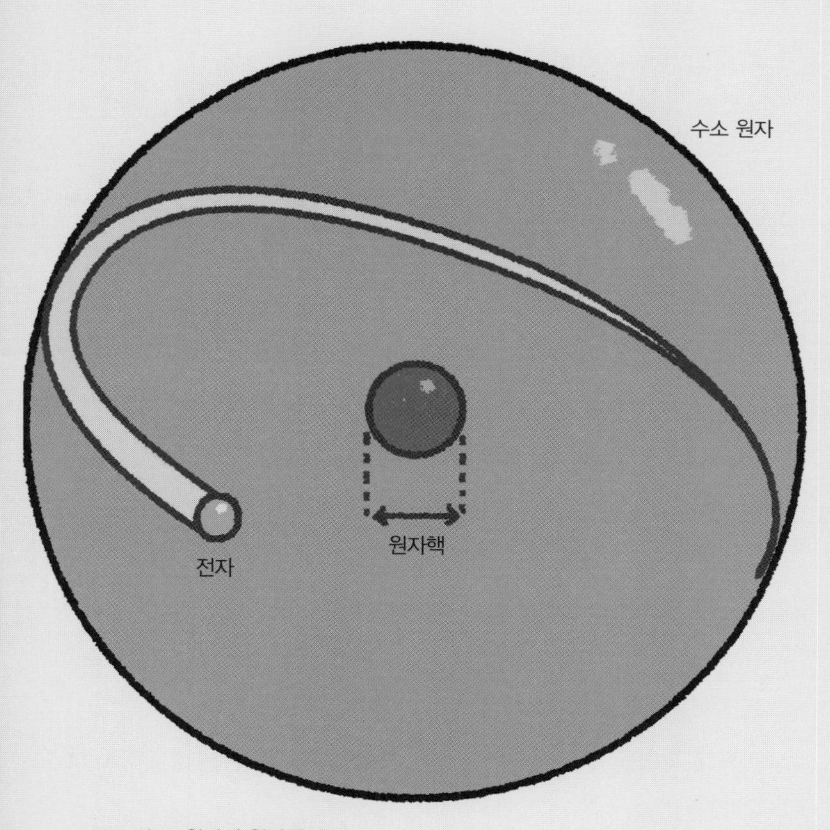

수소 원자의 원자핵 크기
지름 약 0.000000000000001m $= 1.0 \times 10^{-15}$m

3 한 톨의 쌀이 매일 두 배가 되면 30일 만에 536870912톨이 된다

30일 만에 쌀이 200가마니로

지수를 사용한 재미있는 이야기를 소개하겠다. 먼 옛날, 한 현자가 있었다. 어느 날 그 지역의 관리가 현자에게 상을 내리겠다며 어떤 물건을 받고 싶은지 물었다. 현자는 "첫날은 한 톨, 둘째 날은 두 톨, 셋째 날은 네 톨, 넷째 날은 여덟 톨 이렇게 한 톨로 시작해 30일 동안 전날의 두 배만큼 쌀을 주시지요"라고 말했다. 이 말을 들은 관리는 "정말 욕심이 없구나"라고 칭찬하며 흔쾌히 허락하였다. 그러나 30일이 다가오자 엄청난 요구를 수락했다는 사실을 깨닫게 되었다. **30일(29일 후)째 되던 날 무려 5억 3687만 912톨의 쌀을 주게 된 것이다.** 지수로 나타내면 1×2^{29}톨이 되는데, 이는 가마니로 계산하면 약 200가마니 분량이다. 참고로 그로부터 10일이 더 지나면 쌀의 양은 5497억 5581만 3888톨(1×2^{39}톨, 가마니로는 20만 가마니 남짓)에 달한다.

폭발력을 지니는 반복 곱셈

이렇게 지수를 사용하여 표현되는 반복 곱셈은 상상을 초월하는 폭발력을 가진다. 이 반복 곱셈이 바로 지수와 로그의 본질이다.

쌀의 양은 급격히 증가한다

매일, 전날의 두 배만큼 쌀알을 받는다고 하면 첫날의 한 톨이 30일째(29일 후)에는 5억 톨을 넘는다. 한 가마니를 268만 톨(60kg)이라고 하면 200가마니가 된다.

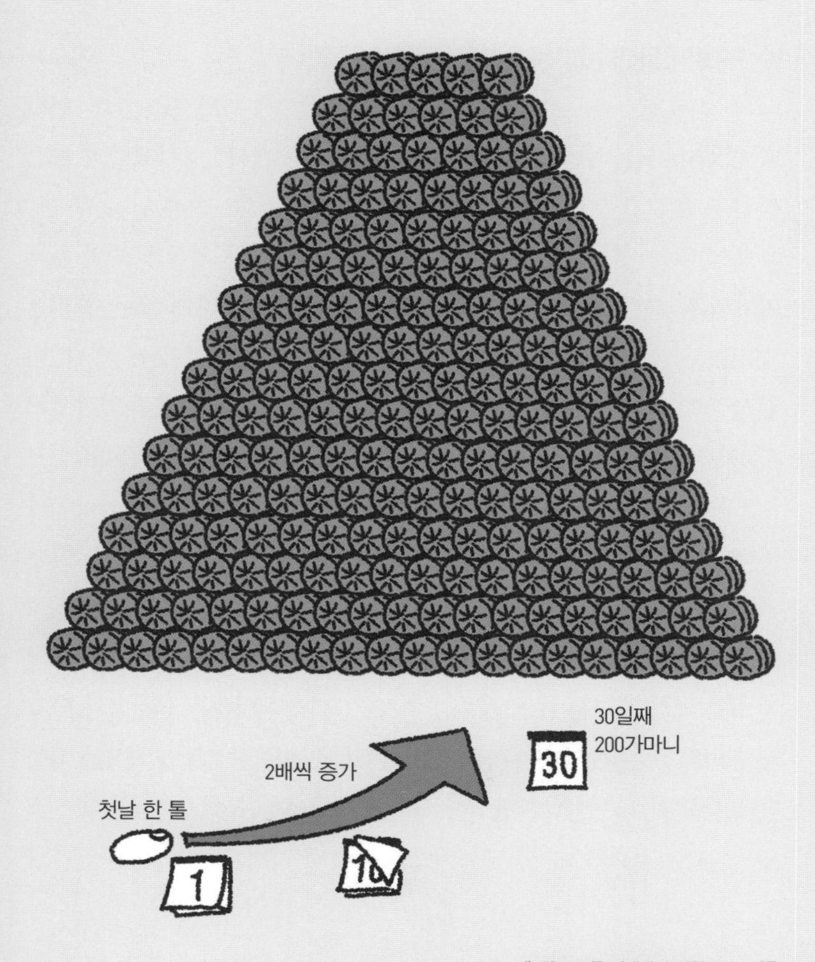

4 음계는 1.06배의 반복 곱셈

현악기 음의 높이는 현의 길이로 결정된다

반복 곱셈은 '도레미파솔라시도'와 같은 '음계'에도 등장한다. 현악기의 현이 진동하는 부분의 길이가 1.06배의 반복으로 되어 있는 것이다.

현악기의 음높이는 현의 길이에 따라 정해진다. **현의 길이가 1.06배가 되면 음의 높이는 '반음'씩 내려간다.** 예를 들면 '시' 음에서 반음 내리고 싶을 때는 현의 길이를 '시'일 때보다 1.06배로 길게 하고, 반음을 더 내리고 싶을 때는 '시'일 때의 1.06^2배(약 1.12배)만큼 길게 하는 방식이다.

프렛의 간격은 모두 같지 않다

기타를 보면 이 사실을 확인할 수 있다. 기타에는 '프렛(fret)'이라고 불리는 부분이 있는데, 어느 프렛을 누르는지에 따라 현이 진동하는 부분의 길이가 달라져 음의 높이가 바뀐다. **현이 시작하는 부분에서 각 프렛까지의 길이는 1.06배 단위로 되어 있고, 프렛을 한 칸씩 기타의 끝쪽으로 이동할 때마다 현이 진동하는 부분의 길이가 1.06배 길어져 음이 반음 낮아진다.** 1.06배의 반복 곱셈이므로 프렛의 간격은 모두 같지 않다.

기타의 음계

'반복 곱셈'의 예로 음계를 들 수 있다. 기타는 현이 진동하는 부분의 길이를 1.06배씩 늘려서 음계를 만든다.

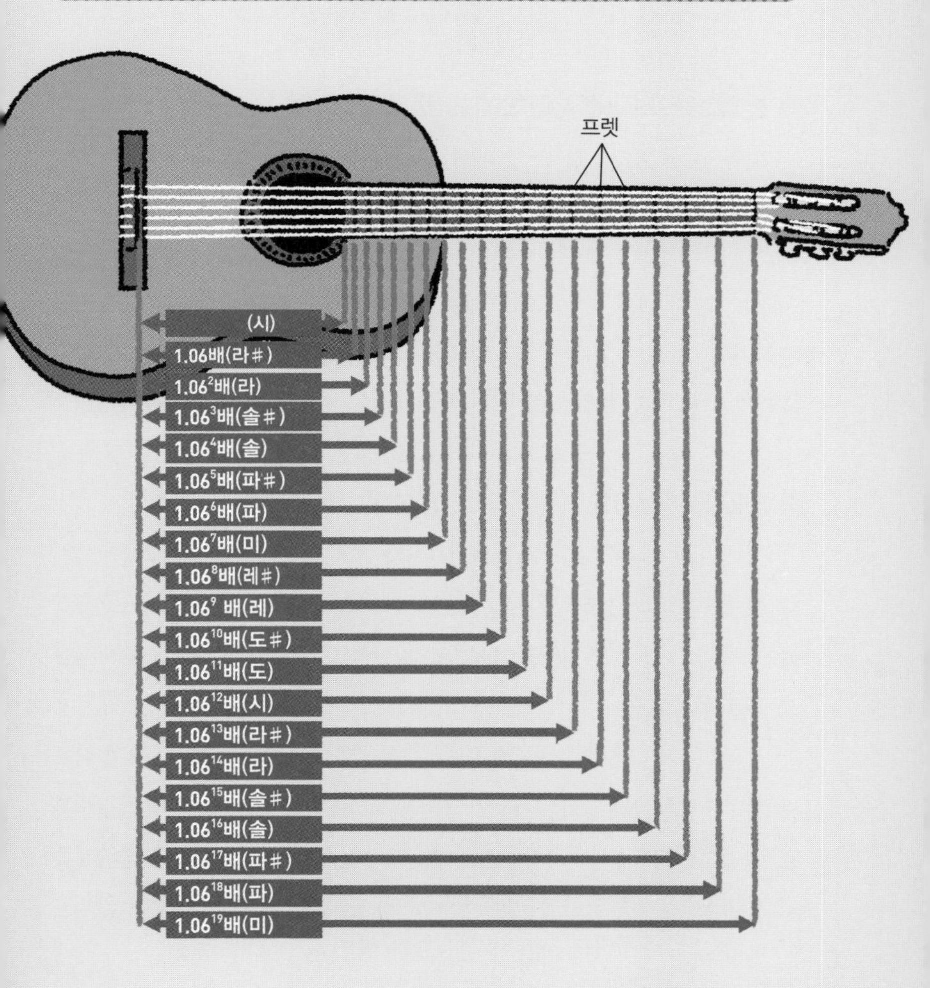

5 아메바로 지수 함수의 그래프를 실감해보자!

증식하는 아메바의 개체 수는 '지수 함수'로 나타낼 수 있다

하루에 한 번 분열하여 두 배로 늘어나는 아메바가 있다고 하자. 처음에 하나의 아메바에서 시작했다고 하면, 열흘 후에는 몇 개가 될까? 열흘 후의 개체 수를 지수를 사용하여 나타내면 2^{10}개이다. **즉, 날수를 x, 개체 수를 y라고 하면 $y=2^x$라는 식이 성립한다.** 이 식을 사용하면 원하는 날수를 x에 넣어 그때 아메바의 개체 수를 구할 수 있다. **이렇게 $y=a^x$의 형태로 나타낼 수 있는 관계식을 '지수 함수'라고 한다.**

매일 두 배씩이면 1년 후에는 110자리 수가 된다

아메바의 개체 수를 나타내는 식 $y=2^x$을 그래프로 그리면 오른쪽 그림과 같다. x의 값(경과 일수)이 커질수록 아메바의 수가 급격히 증가한다는 사실을 알 수 있다. 열흘 후의 아메바의 개체 수는 $2^{10}=1024$가 된다.

참고로 1년(365일) 후의 아메바 수는 2^{365}개이며, 이것을 컴퓨터로 계산하면 '75153362… (중략) … 1919232'라는 110자리 수가 된다. 천문학적인 숫자이다.

주 : 여기서는 아메바가 무한히 분열할 수 있고, 하나도 죽지 않는다고 가정하였다.

지수 함수의 그래프

매일 분열하여 두 배가 되는 아메바의 개체 수는 $y = 2^x$라는 수식으로 나타낼 수 있다. 그래프로 그려보면 아래와 같다. x의 값이 커질수록 아메바는 급격히 증식한다.

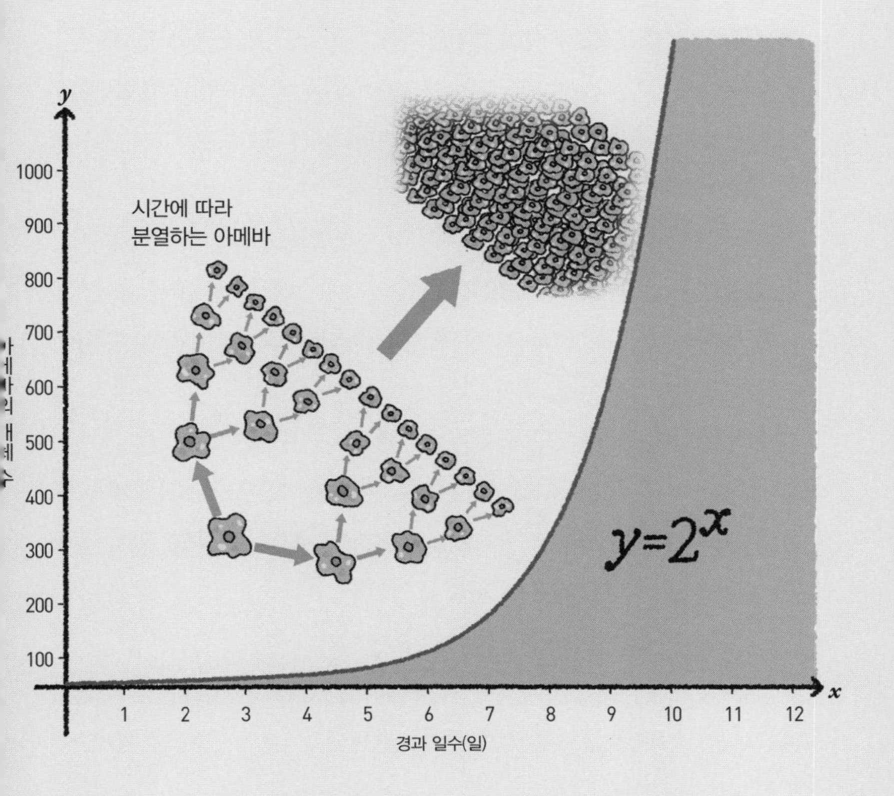

6 방사성물질은 $\frac{1}{2}$ 곱셈의 반복

◆ 반복 곱셈으로 수가 작아지기도 한다

반복 곱셈으로 꼭 수가 증가하기만 하는 것은 아니다. **1보다 작은 수를 반복해서 곱하면 그 수는 점점 작아진다(0에 가까워진다).** '방사성물질'이 그 한 예이다.

◆ 방사성물질의 '붕괴'도 반복 곱셈

방사성물질은 구성하는 원자가 자연적으로 '붕괴'하여 다른 원자로 변하기도 한다. 원자가 붕괴할 확률은 방사성물질의 종류에 따라 다르다. 어떤 방사성물질의 원자가 붕괴하여 전체의 원자 수가 원래의 $\frac{1}{2}$이 되는 기간을 '반감기'라고 한다. **반감기 1회분의 시간이 지나면 방사성물질의 원자 수는 $\frac{1}{2}$이 되고, 2회분의 시간이 지나면 원자 수는 $\frac{1}{2}\times\frac{1}{2}=\frac{1}{4}$이 된다.** 이 역시 반복 곱셈이다.

구체적인 예를 들어보자. '탄소 14'라는 방사성물질은 반감기가 약 5730년이다. 또, 후쿠시마 제1 원자력 발전소 사고로 문제가 되었던 '세슘 137'의 반감기는 약 30.1년이다.

방사성물질의 붕괴

방사성물질의 원자는 다른 원자로 변하기 때문에 시간이 지나면서 개수가 줄어든다. 방사성물질의 원자 수는 반감기를 지날 때마다 $\frac{1}{2}$배가 된다.

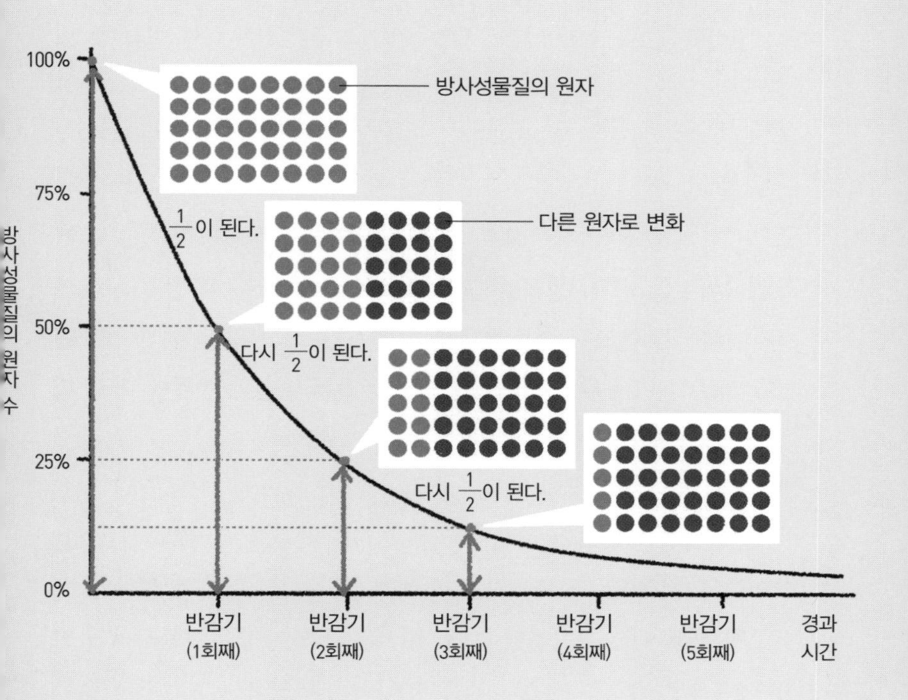

화석 안에 방사성물질이 어느 정도 포함되어 있는지 알아내면 죽은 후 시간이 얼마나 지났는지 추정할 수 있어.

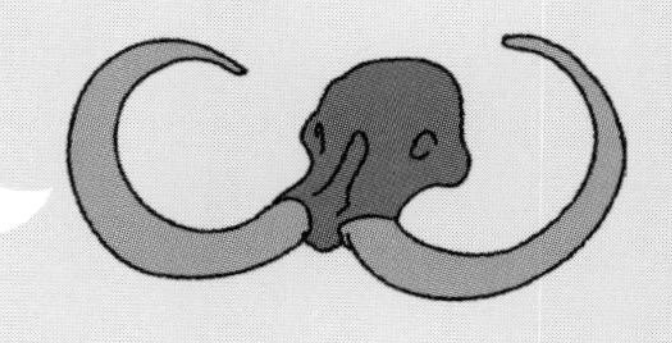

종이를 42번 접으면 달에 닿는다!

'종이를 42번 접으면 달에 닿는다'라는 말을 듣는다면 믿을 수 있겠는가? 두께가 약 0.1mm인 종이를 42번 접으면 그 두께는 지구에서 달까지의 거리를 초과한다.

먼저 복사 용지를 반으로 접으면 두께가 두 배인 약 0.2mm가 된다. 이것을 다시 반으로 접으면 두께는 다시 두 배인 0.4mm가 된다. **이렇게 반으로 접을 때마다 두께는 두 배가 되어 열 번 접으면 100mm(10cm)가 된다.** 식으로 쓰면 0.1×2^{10}mm이다. 이것이 바로 지수의 개념이다.

23번째에는 도쿄의 스카이트리(634m)보다 높은 약 840m가 된다. **그리고 42번째에는 달까지의 거리(약 38만km)보다 높아져 44만km에 이르게 된다.** 단, 41번 접었을 때, 종이의 두께는 약 22만km이다. 이것을 반으로 접기는 아무리 애를 써도 어려울 듯하다.

지수를 처음으로 사용한 이는?

같은 수를 반복 곱셈하는 개념은 기원전부터 있었다. 예를 들어 직각삼각형 변의 길이에 관한 식 $a^2+b^2=c^2$가 성립한다는 피타고라스의 정리는 기원전 6세기 무렵의 발견이었다고 한다.

숫자의 오른쪽 위에 곱셈의 횟수를 표시하는 지수의 표기를 처음으로 사용한 사람은 17세기의 철학자이자 수학자인 르네 데카르트(1596~1650)라고 알려져 있다. 그는 논문 『기하학』에서 '$a \times a \times a$'를 a^3이라고 간략하게 표기하였다. **그 이전에는 다양한 방식의 표기가 사용되고 있었다.** 예를 들면 네덜란드의 수학자인 시몬 스테빈(1548~1620)은 현재 우리가 $3x^2$이라고 쓰는 것을 3②라고 나타내었다. 또, 프랑스의 수학자인 프랑수아 비에트(1540~1603)는 'D^2'을 '*D.quad.*'라고 표기했다.

우리는 평소에 수학의 표기법에 대해서는 그다지 신경 쓰지 않고 지낸다. 그러나 수식을 보기 좋게 해주는 지수와 같은 표기법의 발달은 수학이 발전하는 데 중요한 요인이 되었다.

르네 데카르트
(1596~1650)

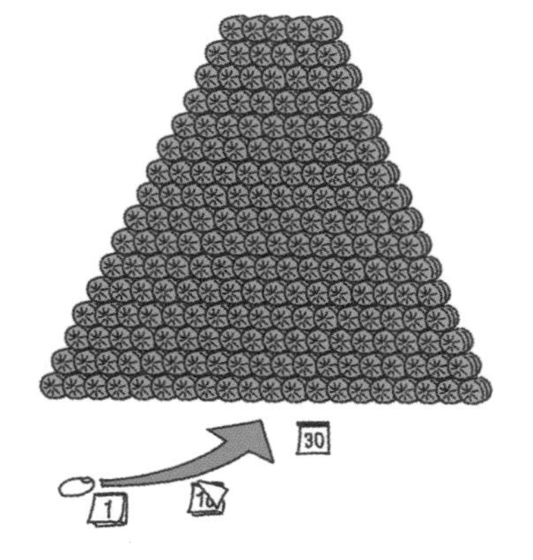
30
1
10

제2장
로그와 지수는 같은 것이었다!

지금까지 지수의 개념을 소개했다.
지수란 '같은 수를 반복해서 곱하는 횟수'를 말한다.
제2장에서는 드디어 로그의 이야기로 들어간다!
로그란 한마디로 말하면 '곱셈의 횟수를 나타내는 것'이다.
잠깐, 그렇다면 지수와 로그는 같은 것이 아닌가?
그렇다. 같은 개념이다!

1 1등성과 6등성의 밝기는 100배 차이

별의 등급은 로그를 기초로 한다

지금부터는 기다리던 로그에 관한 이야기이다.

밤하늘에 빛나는 별은 1등성, 2등성 이렇게 밝기에 따라 등급이 매겨져 있다. **이 등급은 로그를 토대로 한다.**

별의 밝기와 등급

1등성에서 6등성까지 빛의 양을 막대 그래프로 나타내었다.
6등성과 1등성은 빛의 양이 약 100배 차이 난다.

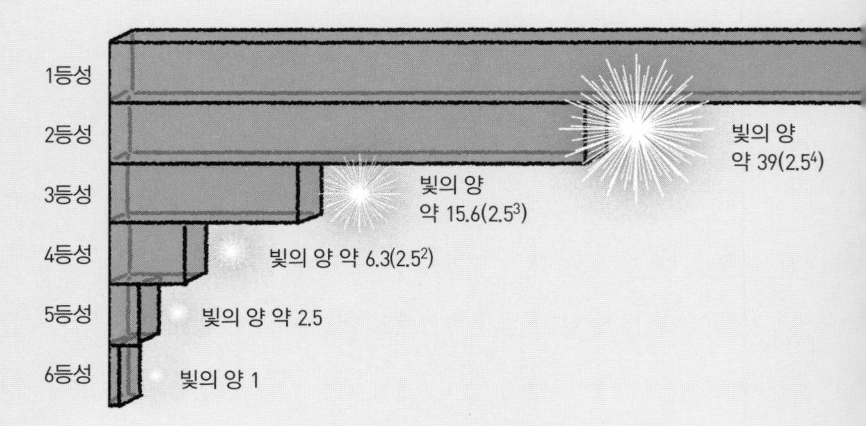

◆ 로그란 곱셈을 반복하는 횟수

6등성의 빛의 양을 1이라고 가정하자. 그러면 5등성의 빛의 양은 약 2.5, 4등성은 약 6.3(2.5^2), 3등성은 약 15.6(2.5^3), 2등성은 약 39(2.5^4), 그리고 1등성은 약 100(2.5^5)이 된다. **즉, 별의 등급은 빛의 양이 2.5의 몇 제곱인지를 계산하여 결정한다.**

이 '빛의 양이 2.5의 몇 제곱인가'가 로그의 개념이다. **로그란 어떤 정해진 수(여기서는 2.5)를 몇 번 반복하여 곱하여 다른 수(여기서는 빛의 양)가 나올 때 곱셈을 반복하는 횟수(몇 제곱)를 나타내는 것이다.**

2 지진의 매그니튜드 7과 9, 에너지는 1000배 차이

지진의 매그니튜드는 로그로 정해진다

지진의 규모를 나타내는 매그니튜드(magnitude)도 로그와 관계있다. 매그니튜드란 지진의 에너지 크기를 나타내는 척도이다.

지진의 매그니튜드의 값이 1 커지면 지진의 에너지는 약 32배(32^1)가 된다. 매그니튜드가 2 커지면 에너지는 1000배($1000 \fallingdotseq 32^2$)가 된다. **즉, 매그니튜드는 지진의 에너지가 '32의 몇 제곱인가'라는 로그의 개념을 기초로 정해지는 단위이다.**

도호쿠 지방 태평양 해역 지진은 매그니튜드 9.0

2011년 동일본 대지진의 매그니튜드는 9.0이었다. 일반적으로 지진의 매그니튜드가 7 클래스 이상이면 대지진이라고 한다. **동일본 대지진의 에너지는 그보다도 1000배나 컸기 때문에 매우 거대한 지진이라고 할 수 있다.**

지진 에너지의 차이

매그니튜드 5.0~9.0까지 지진의 에너지를 구의 부피로 나타내었다. 구의 부피는 매그니튜드가 1 올라갈 때마다 32배가 된다.

3 pH7인 수돗물과 pH5인 산성비, 농도 차이는 100배

◆ 수소이온의 농도가 높으면 산성

수용액의 산성이나 염기성을 나타내는 'pH(피에이치 또는 페하)'도 로그를 활용한다. pH는 '수소이온지수'를 말하며 수용액 중의 수소이온(H^+)의 농도가 어느 정도인지를 나타낸다. 수소이온의 농도가 높으면 산성이고 낮으면 염기성이다.

pH의 수치는 0에서 14까지이며 0에 가까울수록 산성이 강하고 7이면 중성, 14에 가까울수록 염기성이 강하다.

◆ pH의 값은 로그로 정해진다

pH1인 수용액에는 1L당 0.1mol*(10^{-1})의 수소이온이 녹아 있다. pH2인 수용액에는 1L당 0.01mol(10^{-2})의 수소이온이 녹아 있다. 그리고 pH14는 1L당 0.00000000000001mol(10^{-14})이 된다. **즉, pH의 값은 '1L당 수소이온이 10의 몇 음의 제곱 mol 녹아 있는가'를 로그로 계산한 것이다.**

예를 들면 산성비는 일반적으로 pH가 5.6 이하라고 한다. 한편, 수돗물의 pH는 7 근처이다. pH5인 산성비와 pH7인 수돗물은 pH의 차는 2이지만, 수소이온 농도로는 100배(10^2)나 차이가 난다.

* mol(몰)이란 원자 또는 분자 수의 단위이다. 1mol은 약 6.0×10^{23}개다.

pH의 값과 수소이온 농도

0~14인 pH 값에 대응하는 수소이온 농도를 정리하였다. pH 값이 7에서 5로 2만큼 바뀌면, 수소이온 농도는 10^{-7}에서 10^{-5}으로 100배 올라간다.

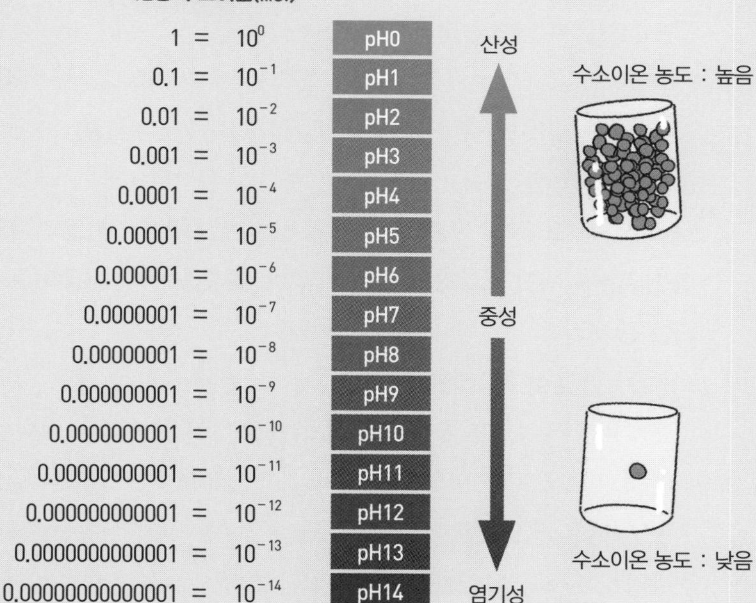

수소이온의 농도가 10배가 되면,
pH의 값은 1 내려간대!

몸은 로그를 느낀다

지금까지 생활 속의 로그를 소개하였다. **사실 우리 생활에 가장 밀접한 로그는 '사람의 감각'일 수도 있다.**

예를 들어 10g인 추를 손에 올려놓았다고 하자. 이것을 100g(10^2g) 추로 바꾸면, 무게는 10배가 된다. 하지만 심리적으로는 10배가 아니라 두 배 정도의 무게밖에 느끼지 못한다고 한다. **즉, 심리적 감각의 크기는 자극의 크기의 로그(원래 무게의 몇 제곱이 되는가)값이 기준이 되는 것이다.** 이것을 베버 페히너의 법칙이라고 한다.

밝기나 어두움, 냄새를 느낄 때도 이 법칙이 적용된다. 사람은 악취를 풍기는 물질을 90% 제거하더라도 원래의 절반 정도의 냄새는 남아 있다고 느낀다고 한다. 머리로는 로그를 이해하지 못하더라도 몸은 로그를 느끼고 있다고 할 수 있다.

100g
10g

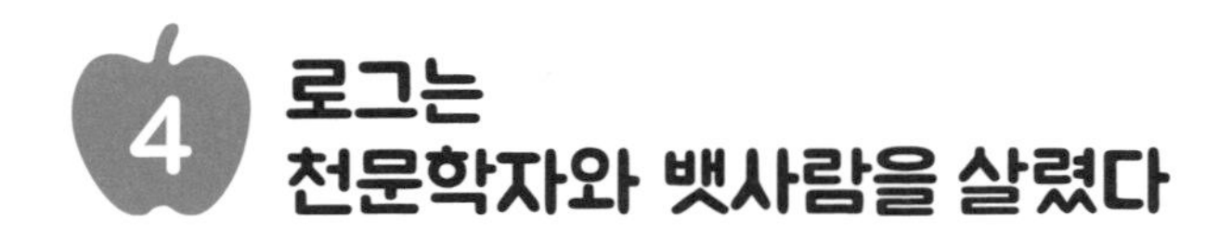

4 로그는 천문학자와 뱃사람을 살렸다

존 네이피어가 로그를 고안

로그가 발명된 해는 1594년이다. 천동설에서 지동설로 전환되던 시기라 행성의 궤도 계산과 같은 복잡한 계산을 많이 해야 했다. 또, 당시는 '대항해시대'이기도 하여 배의 위치를 정확하게 알아내기 위해 천체관측을 근거로 한 복잡한 계산이 필요했다. 즉, '조금이라도 쉽게 계산을 하고 싶다'라는 시대의 요구가 있었다. **이런 상황 속에서 영국의 수학자인 존 네이피어(1550~1617)가 계산을 쉽게 하기 위한 도구로 로그를 고안하였다.** 지금부터 자세하게 살펴보겠지만, 로그를 이용하면 '복잡한 곱셈을 덧셈으로 변환'할 수 있다.

몇 번 반복해서 곱하면 될까?

앞에서 나왔던 두 배가 되는 '쌀알'의 이야기를 다시 떠올려보자(14~15쪽). 나흘째의 쌀알의 수는 몇 톨일까? 첫날 한 톨로 시작하여 이틀째, 사흘째, 나흘째까지 두 배를 세 번 반복하므로 2^3, 즉 여덟 톨이 된다. 이것이 '지수'의 개념이다.

그러면 반대로, 여덟 톨을 받으려면 며칠이 지나야 할까? **이것이 로그의 개념이다. 이렇게 어떤 정해진 수를 몇 번 반복하여 곱하여 다른 수가 될 때, 곱셈을 반복하는 횟수(몇 제곱)를 로그라고 한다.**

로그가 천문학의 발전을 뒷받침했다

네이피어가 로그를 발명했던 시기는 천동설에서 지동설로 넘어가는 전환기였다. 천문학 분야에서 복잡한 계산을 많이 했고, 배의 위치를 알기 위해서도 복잡한 계산이 필요했다. 로그가 발명된 덕분에 여러 분야에서 복잡한 계산을 손쉽게 할 수 있게 되었다.

존 네이피어(1550~1617)
로그를 발명한 영국의 수학자

5 로그는 기호 'log'로 표현한다!

말로 나타내기 불편해 기호로 표기하다

로그를 표현할 때는 log라는 기호를 사용한다. 어렵게 보일 수도 있겠지만 걱정할 필요는 없다. '2를 여러 차례 반복해서 곱하여 8이 될 때, 곱셈을 반복한 횟수'라고 써도 좋겠지만, 그러면 너무 번거로우므로 log라는 기호를 사용하여 간략하게 나타낸다. 이 경우는 $\log_2 8$이라고 쓴다($8=2^3$이므로 $\log_2 8=3$).

log 기호의 오른쪽 아래에 있는 작은 숫자는 반복해서 곱하는 수로, '밑'이라고 부른다(이 경우는 2). 그다음에 붙은 숫자는 반복 곱셈의 결과로 나온 수로 '진수'라고 부른다(이 경우는 8).

밑이 10인 로그를 상용로그라고 한다

2를 반복 곱셈하여 32가 될 때(밑이 2, 진수가 32일 때) 이 로그(곱셈을 반복하는 횟수)는 $\log_2 32$라고 쓴다(값은 5이다). 또, 10을 반복 곱셈하여 1000이 될 때(밑이 10, 진수가 1000일 때) 이 로그는 $\log_{10} 1000$이라고 쓴다(값은 3이다). 이 예와 같이 밑이 10인 로그는 '상용로그'라고 하며 특히 자주 사용한다.

로그를 표현하는 log

로그를 나타낼 때는 log라는 기호를 사용한다. 아래 그림에서 동그라미(○)를 '밑', 네모(□)를 '진수'라고 한다. 이 로그는 '○를 몇 차례 반복해서 곱하여 □가 될 때, 그 곱셈의 횟수'를 나타낸다.

log라는 기호는 로그를 의미하는 영어 단어 logarithm을 줄여서 쓴 것이란다.

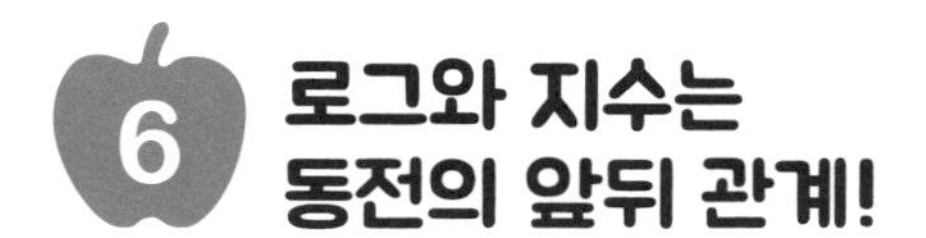

6 로그와 지수는 동전의 앞뒤 관계!

◆ 지수와 로그는 모두 '곱셈을 반복하는 횟수'

이번에는 지수와 로그의 관계에 대해 생각해보자. 10쪽에서 '같은 수를 반복하여 곱하는 횟수'를 '지수'라고 했다. 36쪽에서 로그는 '(어떤 정해진 수의) 곱셈을 반복하는 횟수'라는 것을 함께 알아보았다. 지수와 로그는 도대체 뭐가 다른 걸까?

지수와 로그의 관계

지수와 로그의 관계를 나타내었다. ○, □, △의 관계는 서로 같다고 할 수 있다. 다음 쪽에 지수와 로그 관계의 실제 예를 몇 가지 제시하였다.

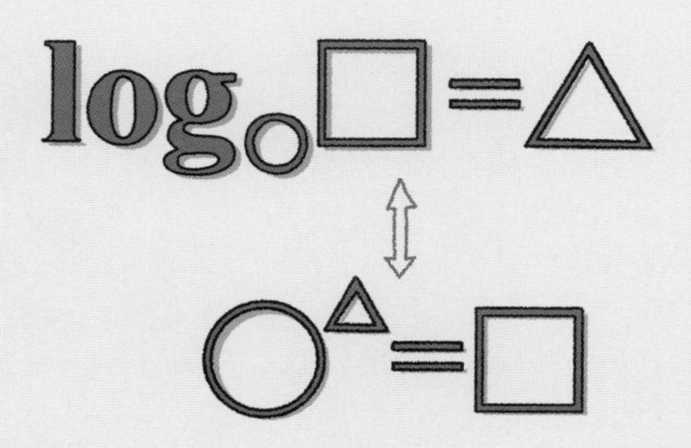

◆ 지수와 로그는 보는 관점이 다를 뿐

사실 지수와 로그 모두 '곱셈을 반복하는 횟수'이며 그 점에서는 서로 같다. 다만 보는 관점이 서로 다르다.

지수의 경우 반복해서 곱할 수와 반복하는 횟수를 미리 알고 있다. **반면, 로그의 경우는 반복해서 곱하는 수와 곱셈을 반복했을 때 결과로 나오는 수를 미리 알고 있으며, 곱셈을 반복하는 횟수는 모른다.** 아래에 지수와 로그의 관계를 나타내었다. 지수와 로그는 동전의 앞면, 뒷면과 같은 관계라고 할 수 있다.

로그와 지수 관계의 실제 예

$$\log_2 8 = 3 \leftrightarrow 2^3 = 8$$

$$\log_2 32 = 5 \leftrightarrow 2^5 = 32$$

$$\log_{10} 1000 = 3 \leftrightarrow 10^3 = 1000$$

$$\log_3 81 = 4 \leftrightarrow 3^4 = 81$$

7 로그 함수의 그래프를 살펴보자

로그 그래프는 점차 완만해진다

18쪽에서는 아메바의 증식을 예로, 지수 함수 $y = 2^x$을 그래프로 나타내어 보았다. 이번에는 '로그 함수'를 그래프로 나타내보자.

log를 사용한 관계식, $y = \log_a x$를 '로그 함수'라고 한다. 이 식에서 a를 2로 한 $y = \log_2 x$를 그래프로 그려보면 오른쪽 그래프의 ①과 같다. **x의 값이 커질수록 그래프는 완만해진다.**

로그와 지수의 그래프를 비교해보자

여기에 지수 함수의 그래프를 함께 놓고 보자. 지수 함수 $y = 2^x$의 그래프가 오른쪽 그래프의 ②이다. 로그 함수와는 반대로 x의 값이 커질수록 y값의 증가 폭이 점점 커진다.

다음으로 $y = x$인 직선(③)을 보자. **신기하게도 $y = 2^x$과 $y = \log_2 x$가 $y = x$의 그래프를 기준으로 완전히 거울에 반영된 것처럼 보인다.** $y = x$인 직선을 중심으로 접으면 로그 함수 $y = \log_a x$의 그래프와 지수 함수 $y = a^x$의 그래프는 완전히 겹친다.

지수 함수와 로그 함수의 그래프

지수 함수에서는 x가 증가할 때 y가 급격히 증가하고, 로그 함수에서는 x가 증가할 때 y가 완만하게 증가하는 경향을 보인다. 두 그래프는 $y=x$의 그래프를 기준으로 선대칭이다.

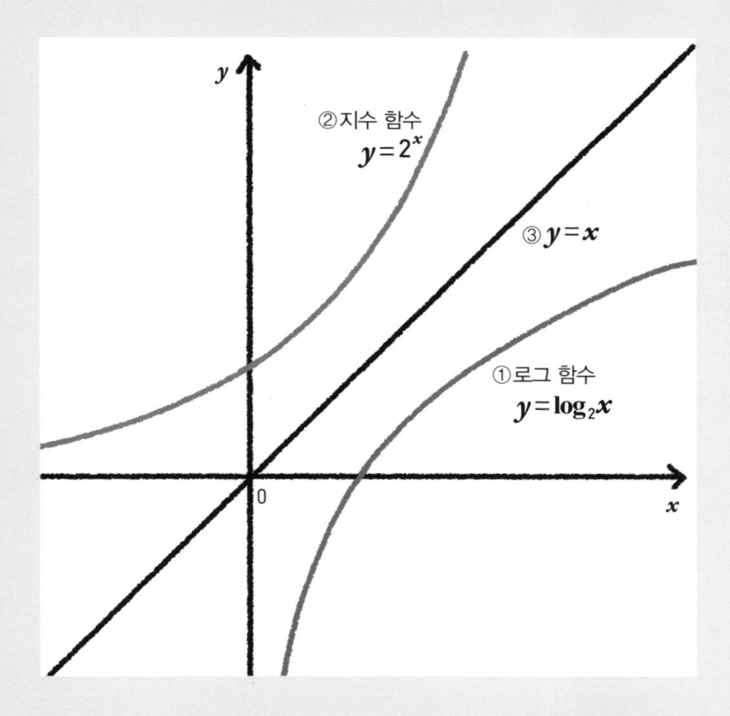

지수 함수의 그래프를 $y=x$ 인 직선을 중심으로 접으면 로그 함수의 그래프로 바뀐대!

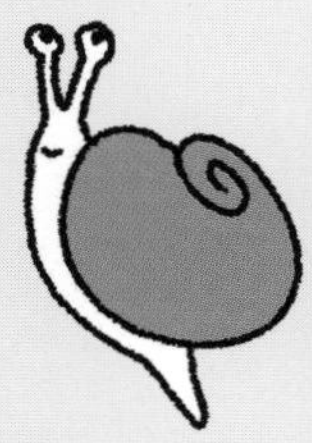

8 아메바의 증식은 로그 눈금을 사용하면 알기 쉽다!

x가 커지면 그래프에 나타낼 수가 없다

18쪽에서 소개한 아메바의 증식 유형은 $y=2^x$라는 지수 함수의 그래프로 나타낼 수 있었다(아래 그래프). 이 그래프를 보면 알 수 있듯이, 지수 함수는 x가 증가하면 y가 급격히 증가한다. **그러므로 이 그래프로는 x가 작을 때 y의 값의 변화를 제대로 읽어낼 수가 없다.**

로그 그래프

지수 함수는 x가 커지면 y가 급격히 증가하기 때문에, 그래프에 모두 그려낼 수가 없다. 로그 그래프로 바꾸면 전체 모습을 파악할 수 있게 된다.

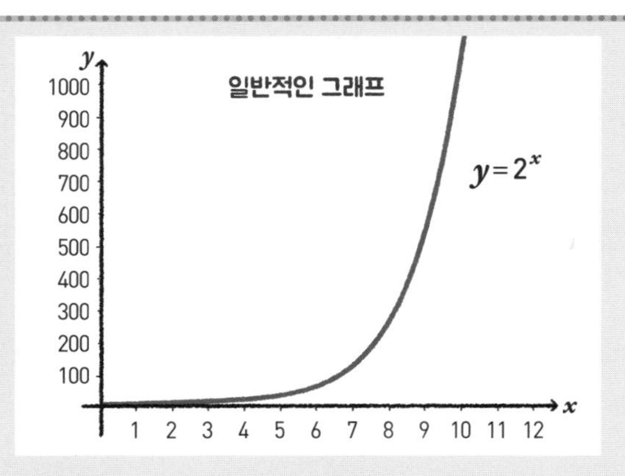

◆ 로그 그래프로 바꾸면 알아보기가 좋다!

그럴 때 아래의 '로그 그래프'를 사용하면 편리하다. 로그 그래프란 세로축과 가로축에 '로그 눈금'을 사용한 그래프이다. 로그 눈금이란 각 눈금의 값이 '1(2^0), 2(2^1), 4(2^2), 8(2^3)'과 같이 일정한 배율로 증가하는 눈금을 말한다. 아래의 로그 그래프에서는 세로축이 한 눈금마다 두 배가 되도록 하였다. 아메바의 증가를 로그 그래프로 나타내면 곡선이었던 그래프가 직선이 되므로 아메바의 증가 경향을 읽어내기가 좋다.

이처럼 로그 그래프를 사용하면 일반적인 그래프에서는 보이지 않는 변화나 관계성이 확실하게 보인다. 로그 그래프는 과학 분석이나 경제 통계와 같은 다양한 분야에서 활용된다.

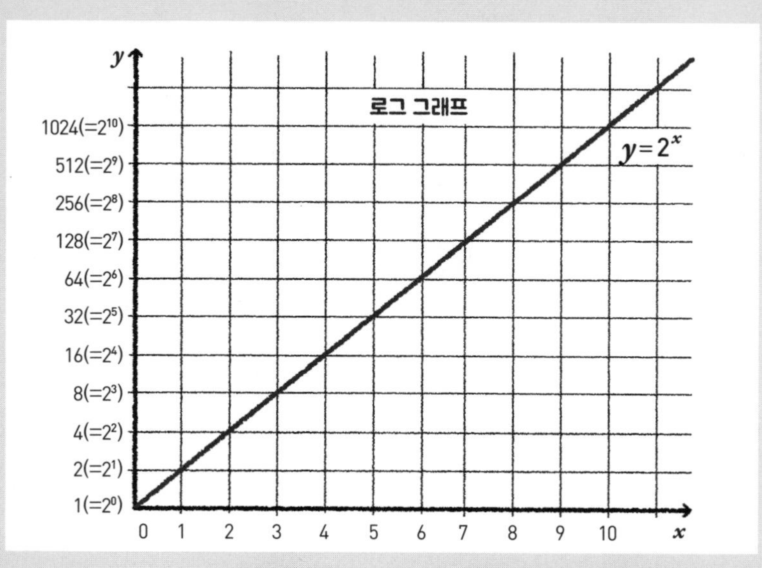

귀족 집안에서 태어난 존 네이피어

존 네이피어(1550~1617)는 1550년에 스코틀랜드(영국)의 에든버러 남서쪽에 자리 잡은 머키스턴 성에서 태어났다. 네이피어의 집안은 대대로 이 성을 통치하는 귀족이었다. 존 네이피어도 아버지가 돌아가신 후 8대 성주가 되었다.

존 네이피어는 1594년에 로그를 발명하고, 이후 20년에 걸쳐 로그의 연구에 매진하였다. **소수점을 처음으로 사용했다고도 알려져 있다.** 그의 사후에 출판된 유고인 『경이적인 로그 법칙의 구조』에서 소수점이 사용되었고, 로그와 함께 세상에 알려지기 시작했다.

존 네이피어는 로그 외에도 다양한 업적을 남겼다. 그중에는 '네이피어의 뼈(네이피어의 막대라고도 한다)'라는 계산 도구의 발명도 있다. 막대에 구구단을 새겨 곱셈이나 나눗셈을 간단하게 할 수 있도록 만든 도구다. 또, 전투용 마차에 대포를 설치한 전차를 발명해 국왕에게 진언한 적도 있다고 한다. 이처럼 존 네이피어는 다양한 분야에서 여러 방면의 연구를 한 발명가이기도 했다.

어머니
아버지
네이피어

9 로그를 이용한 계산자가 세상의 발전을 뒷받침했다!

파리의 에펠탑 설계에 사용된 계산자

이제 로그를 이용한 '계산자'라는 도구에 대해 살펴보자. **계산자는 로그를 이용한 아날로그식 계산기인데, 마치 마법처럼 계산의 답을 내주는 편리하고 신기한 도구이다.** 불과 십수 년 전까지 현역 계산기로 이용되었는데, 뉴욕의 엠파이어 스테이트 빌딩, 파리의 에펠탑, 그리고 도쿄 타워도 계산자를 사용하여 설계하였다. 게다가 우주비행사도 우주선에 계산자를 가지고 타기도 했다.

계산자는 로그를 이용한다

계산자는 몇 가지 종류의 눈금이 새겨 있는 자의 형태이다. **다만, 눈금은 등 간격이 아니라 로그의 규칙에 따라 새겨져 있다.** 일반적인 계산자는 세 개의 자를 위, 가운데, 아래에 나란히 놓은 모양이다.

세 개의 자 중에서 위의 자와 아래의 자는 고정되어 있고, '고정자'라고 부른다. 반면 가운데 있는 자는 좌우로 움직일 수 있게 되어 있고, '이동자'라고 한다.

다음 쪽에서 계산자를 보면서 계산을 해보자. 이 책의 124~125쪽에 종이로 만드는 계산자를 수록하였으므로, 직접 만들어 사용해보면 더 재미있을 것이다.

과학자의 필수품

계산자는 컴퓨터나 전자계산기가 보급되지 않았던 1960년대 무렵까지 과학자나 기술자의 필수품이었다. 인류 최초로 달 표면 착륙에 성공한 아폴로 11호에도 실려 있었다.

계산자의 기본 구조

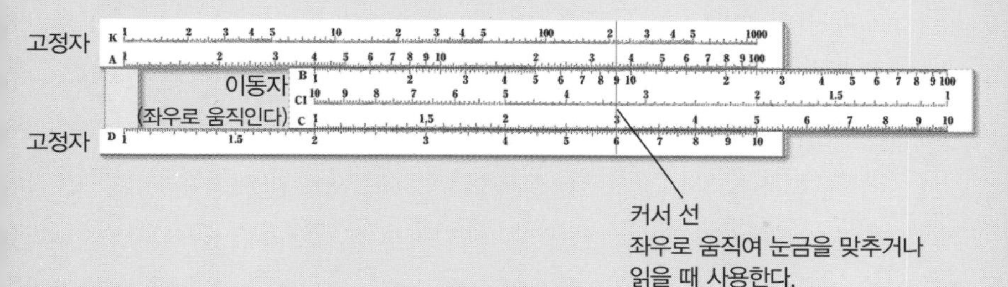

10 계산자로 2×3을 계산해보자!

이동자를 움직여 눈금을 읽는다

계산자의 자세한 구조와 원리를 설명하기 전에 계산자로 2×3 곱셈을 해보자.

우선, 고정자인 D자에서 눈금 2를 찾아, 그 자리에 이동자인 C자의 왼쪽 끝에 있는 1을 맞춘다(그림 ①). 다음으로 나머지 한 수인 3의 눈금을 C자에서 찾고, 그 바로 밑에 있는 D자의 눈금을 읽는다(그림 ②). 이때 눈금은 6이다. 이와 같은 방법으로 2×3의 답인 6을 구할 수 있다.

자릿수가 많은 계산도 척척

사실 2×3 정도의 계산이라면 암산이 빠를 것이다. 하지만 계산해야 하는 자릿수가 많아지면 계산자를 쓰는 편이 압도적으로 빠르다. **계산자는 기본적으로는 이동자를 좌우로 이동하기만 해도 계산의 답을 도출할 수 있는 우수한 계산기라고 할 수 있다.** 다음 쪽에서는 조금 더 복잡한 계산을 해보자.

2×3을 구하는 방법

우선 D자에서 눈금 2를 찾아 그 위치에 C자의 왼쪽 끝에 있는 1을 맞춘다. 그리고 C자에서 눈금 3을 찾으면 그 바로 밑에 있는 D자의 눈금이 답이 된다.

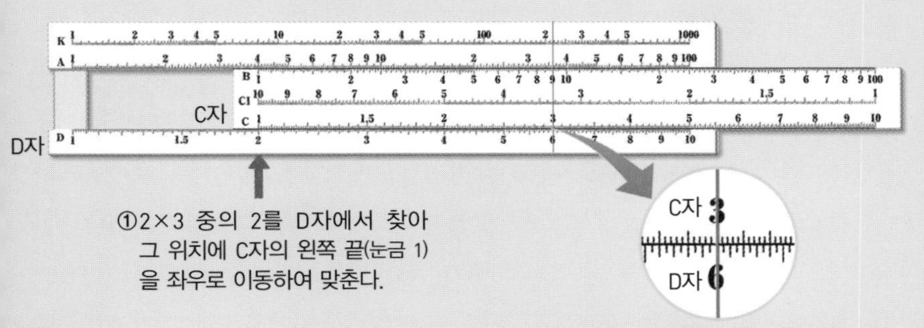

①2×3 중의 2를 D자에서 찾아 그 위치에 C자의 왼쪽 끝(눈금 1)을 좌우로 이동하여 맞춘다.

②2×3 중의 3을 C자에서 찾아 그 바로 아래에 있는 D자의 값을 읽는다. 이것이 답이다.

답은 6

눈금을 맞추기만 해도
곱셈의 답이 나오다니 너무 신기하다!

11 계산자로 36×42를 계산해보자!

36×42를 3.6×4.2로 보고 계산한다

다음으로 36×42를 계산해보자. 순서는 2×3을 계산할 때와 거의 같다. **다만, 계산자에는 36이나 42 눈금이 없으므로 3.6×4.2로 가정하고 계산한다는 것이 핵심이다.**

먼저, D자의 눈금 3.6에 C자의 왼쪽 끝인 1을 맞춘다(그림 ①). 다음으로 C자의 눈금 4.2 바로 밑에 오는 D자의 눈금을 읽어야 한다.

36×42를 구하는 방법

2×3과 같은 순서로 계산을 하려고 하면 눈금을 벗어나게 되어 계산할 수가 없다. 그래서 그림 ③, ④와 같이 변형하여 적용한다.

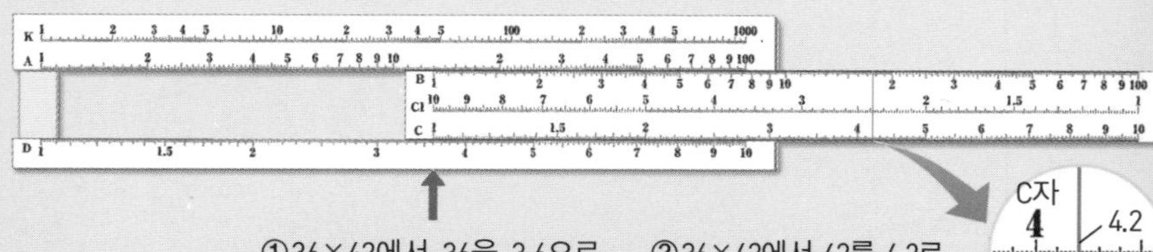

①36×42에서 36을 3.6으로 가정하고 D자에서 눈금 3.6을 찾아 그 자리에 C자의 왼쪽 끝을 맞춘다.

②36×42에서 42를 4.2로 가정하고 C자에서 눈금 4.2를 찾아 그 바로 밑에 오는 D자의 눈금을 읽어야 한다. 그러나 D자에서 벗어나므로 읽을 수가 없다.

그런데 C자가 D자보다 튀어 나가 있어 값을 읽을 수가 없다(그림 ②). 눈금이 벗어나는 것이다.

◆ 이동자를 왼쪽으로 움직인다

다시 처음으로 돌아가, D자의 눈금 3.6에 C자의 눈금 10을 맞춘다(그림 ③). 그러면 이동자가 왼쪽으로 밀려나며 C자의 4.2인 자리에서 D자의 눈금을 읽을 수 있다. D자의 눈금은 약 1.51이다(그림 ④). 그다음 자릿수를 조정하기 위해 1.51에 1000을 곱하면 답은 약 1510이 된다.

이와 같은 계산자의 사용 원리는 제3장에서 소개할 로그와 지수의 법칙이 깊이 관련되어 있다. 계산자의 사용 원리는 로그와 지수의 법칙을 소개한 후 제4장에서 자세히 해설한다.

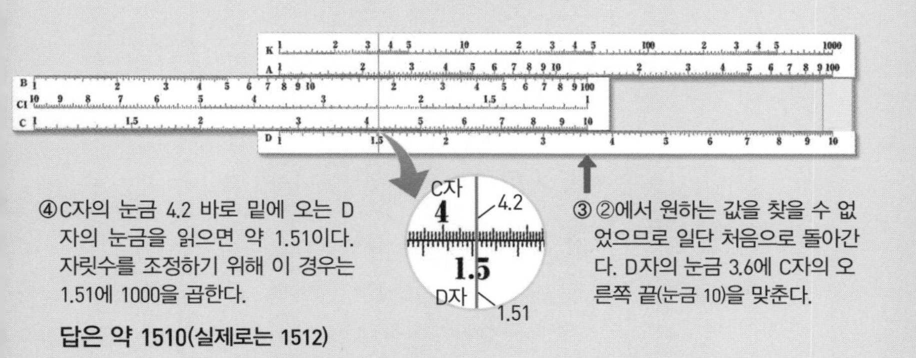

④C자의 눈금 4.2 바로 밑에 오는 D자의 눈금을 읽으면 약 1.51이다. 자릿수를 조정하기 위해 이 경우는 1.51에 1000을 곱한다.

답은 약 1510(실제로는 1512)

③ ②에서 원하는 값을 찾을 수 없었으므로 일단 처음으로 돌아간다. D자의 눈금 3.6에 C자의 오른쪽 끝(눈금 10)을 맞춘다.

발명가 네이피어
네이피어는 13세에 영국의 대학에 입학했다.
네이피어
바로 학교를 그만두고 유럽 곳곳을 돌아다녔다.
21세에 영국으로 돌아가 성주가 되었다.
영지의 수확량을 늘리기 위해
비료의 개발에도 힘을 쏟았다.
스페인 함대가 공격해 오는 것을 두려워한 네이피어는
거울
군사 병기를 개발하기도 했다.

네이피어는 마술사

비둘기가 망쳐버린 밭
팍
또 이랬어!! 저 비둘기들을 다 잡을 방법이 없을까?
그래!! 비둘기 모이에 술을 섞어서 주자!
그랬더니
마술사다!!

제3장
지수와 로그의 계산 법칙

이번 장부터는 드디어 지수와 로그의 계산 법칙을 소개한다!
로그를 제대로 활용하기 위한 중요 법칙이며,
로그의 핵심이라고도 말할 수 있다.
지수와 로그의 여섯 가지 법칙을 하나하나 자세히 알아보자.

지수 법칙① 거듭제곱의 곱셈은 덧셈으로 계산

$2^2 \times 2^3$의 계산

지금부터는 지수의 세 가지 중요한 법칙을 소개한다. 우선 지수 법칙①이다.

$2^2 \times 2^3$과 같은 거듭제곱(같은 수를 여러 번 반복하여 곱하는 것)의 곱셈을 생각해보자. $2^2 \times 2^3$은 $(2 \times 2) \times (2 \times 2 \times 2)$이다. 이것은 2를 (2회+3회) 반복하여 곱하는 것이다. **즉, $2^2 \times 2^3$은 2^{2+3}으로 계산할 수 있다. 곱셈을 덧셈으로 바꾸어 계산하는 것이다.**

단, $2^2 \times 5^3$과 같이 반복해서 곱하는 수(이 경우는 2와 5)가 서로 다르면 이 방법은 사용할 수 없다.

$5^3 \times 5^4$의 계산

다음 쪽에 $5^3 \times 5^4$의 예를 소개한다. 앞에서와 마찬가지로 $5^3 \times 5^4$는 $(5 \times 5 \times 5) \times (5 \times 5 \times 5 \times 5)$가 되고, 5를 반복하여 곱하는 횟수는 (3회+4회)로 계산하면 $5^3 \times 5^4 = 5^{3+4}$이다.

이것을 일반식으로 만들어보면 $a^p \times a^q = a^{p+q}$로 표현할 수 있다.

지수 법칙①

지수 법칙①을 일반식으로 나타내었다. 또, 칠판에 $5^3 \times 5^4$의 예를 소개하였다. 5를 반복하여 곱하는 횟수를 생각하면 지수 법칙①이 성립함을 알 수 있다.

지수 법칙①

$$a^p \times a^q = a^{p+q}$$

$5^3 \times 5^4$을 살펴보자.
$5^3 \times 5^4$을 지수를 사용하지 않는 형태로 표현한다.

$$5^3 \times 5^4 = \underbrace{(5 \times 5 \times 5)}_{\text{5를 3회 곱셈}} \times \underbrace{(5 \times 5 \times 5 \times 5)}_{\text{5를 4회 곱셈}}$$

5를 반복하여 곱하는 횟수는 3+4 = 7회이다.
따라서

$$5^3 \times 5^4 = 5^{3+4} = 5^7$$

2 지수 법칙② 괄호의 지수는 지수를 곱셈

$(2^2)^3$의 계산

다음은 $(2^2)^3$과 같이 괄호 안과 밖에 붙은 지수에 대해 생각해보자.

$(2^2)^3$은 2^2을 3회 반복하여 곱한다는 의미이므로 $(2^2)^3 = 2^2 \times 2^2 \times 2^2$이다. 더 풀어보면 $(2 \times 2) \times (2 \times 2) \times (2 \times 2)$로 나타낼 수 있다. 즉, 2를 (2×3)회 반복하여 곱한다는 뜻이다. **따라서 $(2^2)^3 = 2^{2 \times 3}$이 된다.**

$(5^3)^4$의 계산

다음 쪽에 $(5^3)^4$의 예를 소개한다. $(5^3)^4 = 5^3 \times 5^3 \times 5^3 \times 5^3$이다. 즉, $(5 \times 5 \times 5) \times (5 \times 5 \times 5) \times (5 \times 5 \times 5) \times (5 \times 5 \times 5)$로 나타낼 수 있다. 이것은 5를 (3×4)회 반복하여 곱하는 것이므로 $(5^3)^4 = 5^{3 \times 4}$가 된다.

어떤 방법으로 계산하든 괄호 안의 지수와 밖의 지수를 곱하는 형태가 된다. 일반식으로 나타내면 $(a^p)^q = a^{p \times q}$이다. 이것이 지수 법칙②이다.

지수 법칙②

지수 법칙②를 일반식으로 나타내었다. 또, 칠판에는 $(5^3)^4$의 예를 소개하였다. 5를 반복하여 곱하는 횟수를 생각하면 지수 법칙②가 성립함을 알 수 있다.

지수 법칙②

$$(a^p)^q = a^{p \times q}$$

$(5^3)^4$을 살펴보자.
$(5^3)^4$은 (5^3)을 4회 반복하여 곱한다는 의미이다.

$$(5^3)^4 = 5^3 \times 5^3 \times 5^3 \times 5^3$$
$$= (5 \times 5 \times 5) \times (5 \times 5 \times 5) \times (5 \times 5 \times 5) \times (5 \times 5 \times 5)$$

5를 3회 곱셈　5를 3회 곱셈　5를 3회 곱셈　5를 3회 곱셈

(5를 3회 곱셈)을 4회

5를 반복하여 곱하는 횟수는 $3 \times 4 = 12$회이다.
따라서

$$(5^3)^4 = 5^{3 \times 4} = 5^{12}$$

3 지수 법칙③ 괄호의 지수는 괄호 안의 모든 요소에 적용

$(2\times3)^4$의 계산

다음은 $(2\times3)^4$과 같은 계산을 살펴보자. $(2\times3)^4$은 (2×3)을 4회 반복해서 곱한다는 의미이므로, $(2\times3)\times(2\times3)\times(2\times3)\times(2\times3)$이 되고, $(2\times2\times2\times2)\times(3\times3\times3\times3)$으로도 나타낼 수 있다. **즉, 2를 4회, 3을 4회 곱하므로 $2^4\times3^4$이 된다.**

$(5\times7)^3$의 계산

$(5\times7)^3$은 $(5\times7)\times(5\times7)\times(5\times7)$이 되고, $(5\times5\times5)\times(7\times7\times7)$로도 나타낼 수 있다. 따라서 $(5\times7)^3=5^3\times7^3$ 이다.

어떤 방법으로 계산하든지 괄호 밖의 지수를 괄호 안의 모든 수에 각각 적용한다. 일반식으로 나타내면 $(a\times b)^p=a^p\times b^p$이다. 이것이 지수 법칙③이다.

58~63쪽에서 소개하는 지수 법칙①~③은 지수의 계산에도 유용하게 쓰일 뿐 아니라 나중에 소개할 로그 법칙을 유도하기 위해서도 필요하다.

지수 법칙 ③

지수 법칙③을 일반식으로 나타내었다. 또, 칠판에는 $(5\times7)^3$의 예를 소개하였다. 5와 7을 몇 번 반복하여 곱하는지 생각하면 지수 법칙③이 성립함을 알 수 있다.

지수 법칙③

$$(a\times b)^p = a^p\times b^p$$

$(5\times7)^3$을 살펴보기로 하자.
$(5\times7)^3$은 (5×7)을 3회 반복하여 곱한다는 의미이다.

$$(5\times7)^3=(5\times7)\times(5\times7)\times(5\times7)$$
$$=(5\times5\times5)\times(7\times7\times7)$$

5를 3회 곱셈 7을 3회 곱셈

5를 반복해서 곱하는 횟수는 3회이다.
7을 반복해서 곱하는 횟수는 3회이다.
따라서

$$(5\times7)^3=5^3\times7^3$$

박사님! 알려주세요!

지수가 0이라니?

박사님! 10^0이라는 수가 책에 나왔어요. 오른쪽 위의 수는 곱하는 횟수를 나타내는 건데 10을 0번 곱한다는 것이 무슨 말이에요? 10^0은 0이에요?

그걸 이해하려면, $a^{m+n} = a^m \times a^n$이라는 지수 법칙①을 잘 생각하면 된단다. 이 식의 좌변에 $a = 10$, $m = 0$, $n = 3$을 넣으면 어떻게 되겠니?

음. 10^{0+3}이니까 10^3이겠네요.

바로 그거야! 그러면 우변은 어떻게 되겠니?

$10^0 \times 10^3$이 되네요. 아, 그렇구나! **좌변은 10^3이고 우변의 $10^0 \times 10^3$도 10^3이 되니까 $10^0 = 1$이 되는 거군요!**

$10^{0+3} = 10^3 = 10^0 \times 10^3$이 되니 10^0이 1이 된다는 걸 알 수 있지. **a가 0이 아닌 자연수일 때 a의 0제곱은 반드시 1이 되지.** 5^0이든 8^0이든 15^0이든 모두 1이 된단다.

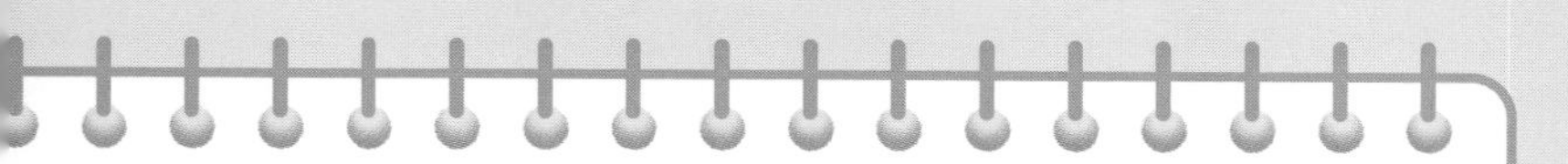

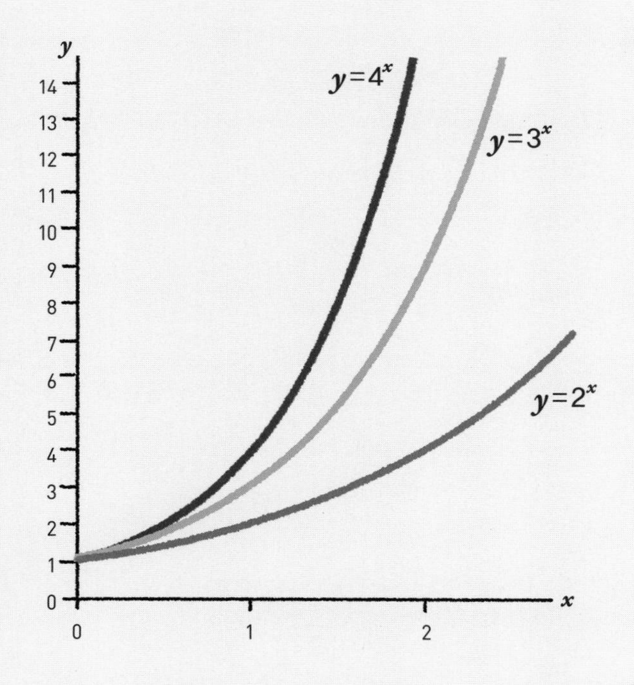

a^0은 항상 1이므로 모든 지수 함수의 그래프는 $x=0$, $y=1$인 점을 지난다.

박사님!
알려주세요!

지수가 음수일 수도 있나요?

박사님! 지수가 음수일 때는 어떻게 되나요?

그것을 알기 위해서는 앞에 나온 '지수가 0이면 항상 1이 된다'라는 사실을 이용해야 해. 먼저 10^0을 10^{-2+2}라고 생각해보는 거야.

지수인 0을 $-2+2$로 바꾸어 쓰는 거네요.

그렇지. 이 10^{-2+2}를 지수 법칙①에 적용하면 어떻게 되겠니?

음, $10^{-2}\times10^2$이 되겠네요.

그렇지! 10^0은 1이니까 $10^{-2}\times10^2=1$이겠지? **여기서 양변을 10^2로 나누면 $10^{-2}=\frac{1}{10^2}$이 된단다.**

지수가 음수일 때는 분수가 되는군요!

바로 그 말이야! **이것을 일반식으로 표현하면 $a^{-n}=\frac{1}{a^n}$이 되지 (n은 자연수).**

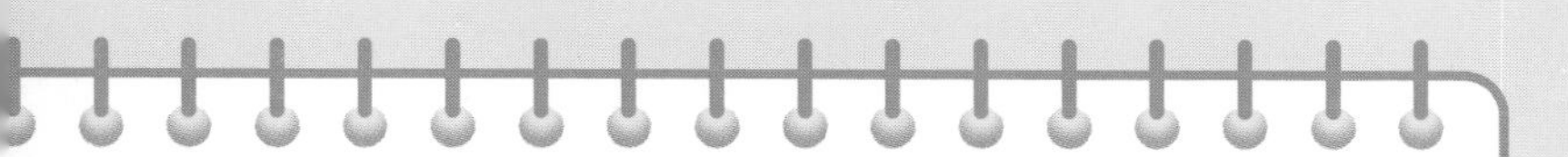

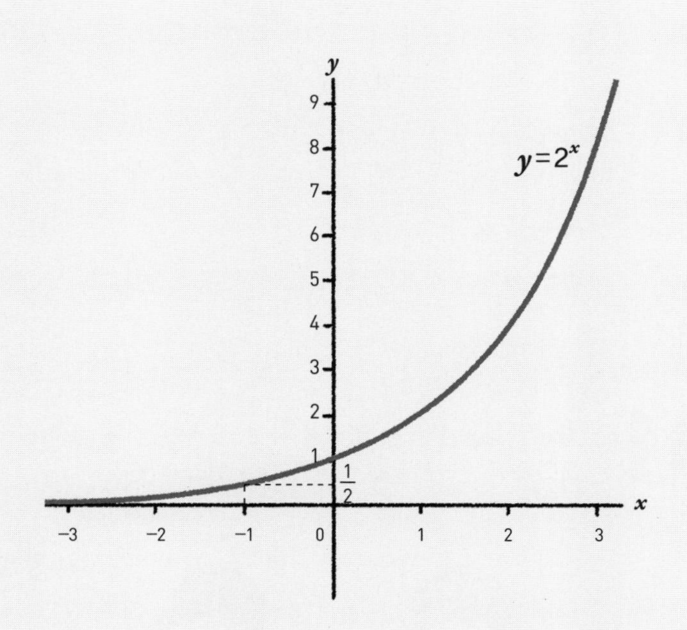

$y=2^x$인 그래프에서 x가 음의 방향으로 커지면 y는 점점 0에 가까워진다.

지수 계산을 해보자!

동구와 정서는 고등학교 3학년 학생이다. 학교가 끝나고 빵집에 들러 좋아하는 찐빵을 먹고 있다.

동구 이 가게 찐빵은 아무리 먹어도 질리지 않아. 양을 두 배로 늘리는 마법이 있으면 좋겠다.

정서 마법이라니 재밌네. 만약 두 배로 만드는 마법을 다섯 번 쓰기와 네 배로 만드는 마법을 세 번 쓰기 중 선택할 수 있다면 어느 쪽이 유리할까?

동구 마법을 쓰는 횟수가 많아야 많이 먹을 수 있는 거 아니야?

Q1 찐빵을 두 배로 만드는 마법을 다섯 번 쓰는 것과 네 배로 만드는 마법을 세 번 쓰는 것은 어느 쪽이 이익일까?

다음 날 점심시간, 교실에서 동구와 정서가 과학 수업 내용에 관한 이야기를 하고 있다.

동구 오늘 과학 수업에서 나온 박테리아는 분열해서 계속 두 배로 늘어난다고 선생님이 말했잖아.

정서 수학에서 배운 지수 함수네. 엄청난 기세로 늘어나겠다.

동구 지금부터 한 시간에 한 번 분열한다면 오늘 밤에는 몇 배나 될까?

Q2 한 시간에 한 번 분열하여 두 배가 되는 박테리아가 하나 있다. 12시간 후에는 대략 몇 개가 될까? $2^{10} \fallingdotseq 1000$을 사용하여 계산해보자.

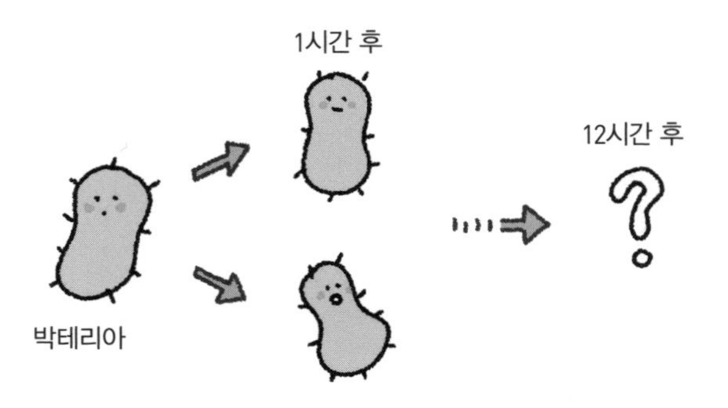

지수 계산의 답

A1 4배를 3회

두 배를 5번 반복하는 것은 2^5으로 나타낼 수 있다. 네 배를 3번 반복하는 것은 4^3이다. 그대로 계산해도 되지만, 여기서는 4를 $2\times2=2^2$라고 생각해보자. 그러면 4^3은 $(2^2)^3$이 된다. 지수 법칙②를 사용하면 2^6이 된다. 2^5과 2^6을 비교하면 한눈에도 2^6이 크다는 사실을 알 수 있다.

동구 네 배씩 세 번 해야 많이 먹을 수 있구나!

정서 그렇긴 한데, 마법을 쓸 수 있어야 말이지.

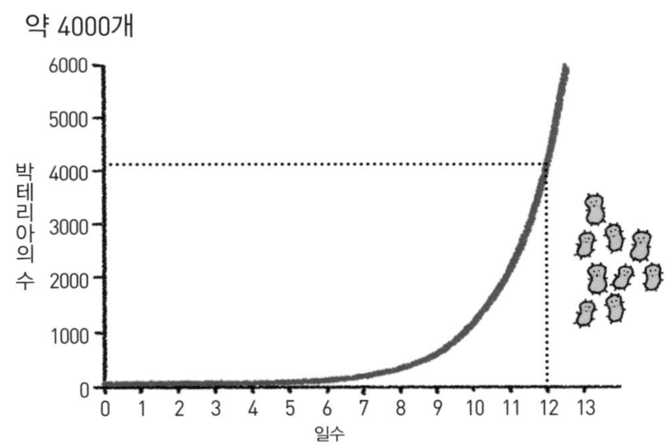

박테리아의 수를 계산해보자. 한 시간 후에는 $2^1=2$배, 2시간 후에는 $2^2=4$배, 3시간 후에는 $2^3=8$배로 증가한다. 즉, 12시간 후의 박테리아 수는 2^{12}배이다. 지수 법칙①에서 $2^{12}=2^{2+10}=2^2\times2^{10}$이다. $2^2=4$, $2^{10}\fallingdotseq1000$이므로 $2^{12}\fallingdotseq4000$이 된다. 따라서 12시간 후의 박테리아 수는 대략 4000이다(실제 수는 4096개).

동구 찐빵도 박테리아처럼 증가하면 좋겠는데 말이야.

정서 아직도 찐빵 이야기냐!

일, 십, 백, 천, 만 … 어디까지 계속될까?

'만'이나 '억'과 같이 수의 자리를 나타낼 때 한자를 사용하기도 한다. 국가 예산이나 대기업의 매출 등에서 사용되는 '조' 단위까지는 사람들에게 익숙할 것이다. 그러면 그다음은 어떨까?

오른쪽 표에 자릿수를 나타내는 단어를 정리하였다. **이것은 에도 시대의 수학자인 요시다 미쓰요시의 산술서 『진겁기(塵劫記)』에 수록된 것이라고 한다.** 그리고 이 중 '항하사' 이후는 불교에서 사용하는 용어를 토대로 한다. '항하'는 인도의 갠지스강을 말한다. '항하사'는 갠지스강의 모래를 뜻하는데, 끝이 없는 수를 비유하여 불교에서 사용하는 단어이다.

불교의 경전 중 하나인 화엄경에는 수의 자릿수를 나타내는 다른 단어도 등장한다. **그중 가장 큰 '불가설불가설전'을 10의 지수로 나타내면 $10^{37218383881977644441306597687849648128}$이다.** 실로 엄청난 수라 할 수 있다.

일	10^{0}	십	10^{1}	백	10^{2}
천	10^{3}	만	10^{4}	억	10^{8}
조	10^{12}	경	10^{16}	해	10^{20}
자	10^{24}	양	10^{28}	구	10^{32}
간	10^{36}	정	10^{40}	재	10^{44}
극	10^{48}	항하사	10^{52}	아승기	10^{56}
나유타	10^{60}	불가사의	10^{64}	무량대수	10^{68}

주의 : 표기나 수치에 관해서는 여러 가지 설이 있다.

4 로그 법칙① 곱셈을 덧셈으로 변환

◆ $\log_{10}(100\times1000)$의 계산

지금부터는 로그 법칙을 소개한다. 앞으로 소개할 법칙 세 가지를 정복하면 로그를 자유자재로 활용할 수 있을 것이다.

먼저 로그 법칙①이다. 10을 밑으로 하는 로그 $\log_{10}(100\times1000)$에 대해 생각해보자. 100×1000을 계산하면 $100000=10^5$이다. $\log_{10}10^5=5$이므로 $\log_{10}(100\times1000)=5$가 된다.

한편, $100=10^2$이므로 $\log_{10}100=2$이다. 또, $1000=10^3$이므로 $\log_{10}1000=3$이다. 따라서 $\log_{10}100+\log_{10}1000=2+3$이고 값은 5이다.

◆ $\log_{10}(100\times1000)=\log_{10}100+\log_{10}1000$

$\log_{10}(100\times1000)$과 $\log_{10}100+\log_{10}1000$은 똑같이 5가 되므로, $\log_{10}(100\times1000)=\log_{10}100+\log_{10}1000$이 성립함을 알 수 있다.

이것은 우연이 아니다. **이것이 로그 법칙①이다. 일반식으로 써보면, $\log_a(M\times N)=\log_aM+\log_aN$이다.** 이 법칙을 활용하면 곱셈을 덧셈으로 변환할 수 있다.

로그 법칙①

로그 법칙①을 일반식으로 나타내었다. 칠판에는 $\log_{10}(100\times1000)$을 이용하여 로그 법칙①이 성립함을 보여준다.

로그 법칙①

$$\log_a(M\times N) = \log_a M + \log_a N$$

$\log_{10}(100\times1000)$을 살펴보자.
100×1000을 계산하면 $100000=10^5$이다.
따라서

$$\log_{10}(100\times1000)=\log_{10}10^5=5 \quad \cdots\cdots \text{❶}$$

한편, $\log_{10}100=2$, $\log_{10}1000=3$이다. 즉,

$$\log_{10}100+\log_{10}1000=5 \quad \cdots\cdots \text{❷}$$

❶과 ❷에 의해

$$\log_{10}(100\times1000)=\log_{10}100+\log_{10}1000$$

5 로그 법칙② 나눗셈을 뺄셈으로 변환

$\log_{10}(100000 \div 100)$의 계산

다음은 로그 법칙②를 소개한다. 이번에는 10을 밑으로 하는 로그 $\log_{10}(100000 \div 100)$의 예로 생각해보자.

$100000 \div 100$을 계산하면 $1000(=10^3)$이다. $\log_{10}10^3=3$이므로 $\log_{10}(100000 \div 100)=3$이 된다.

한편, $100000=10^5$이므로 $\log_{10}100000=5$이다. 그리고 $100=10^2$이므로, $\log_{10}100=2$이다. 여기서 $\log_{10}100000-\log_{10}100=5-2$이므로 값은 3이다.

$\log_{10}(100000 \div 100) = \log_{10}100000 - \log_{10}100$

$\log_{10}(100000 \div 100)$과 $\log_{10}100000 - \log_{10}100$은 똑같이 3이 되므로 $\log_{10}(100000 \div 100) = \log_{10}100000 - \log_{10}100$이 성립함을 알 수 있다.

이것 역시 우연한 일치가 아니다. **이것이 로그 법칙②이다. 일반식으로 써보면, $\log_a(M \div N)=\log_a M-\log_a N$이 된다.** 여기서는 나눗셈이 뺄셈의 형태로 변환되었다.

로그 법칙②

로그 법칙②를 일반식으로 나타내었다. 칠판에는 $\log_{10}(100000 \div 100)$을 이용하여 로그 법칙②가 성립함을 보여준다.

로그 법칙②

$$\log_a(M \div N) = \log_a M - \log_a N$$

$\log_{10}(100000 \div 100)$을 살펴보자.
$100000 \div 100$을 계산하면 $1000 = 10^3$이다. 따라서

$$\log_{10}(100000 \div 100) = \log_{10}10^3 = 3 \cdots\cdots ❶$$

한편, $\log_{10}100000 = 5$, $\log_{10}100 = 2$이다. 즉,

$$\log_{10}100000 - \log_{10}100 = 3 \cdots\cdots ❷$$

❶과 ❷에 의해

$$\log_{10}(100000 \div 100) = \log_{10}100000 - \log_{10}100$$

6 로그 법칙③ 거듭제곱을 간단한 곱셈으로 변환

◆ $\log_{10}100^2$의 계산

다음은 로그 법칙③을 소개한다. 이번에는 10을 밑으로 하는 로그 $\log_{10}100^2$의 예로 생각해보자.

먼저 $\log_{10}100^2$의 값을 계산해보자. $\log_{10}100^2=\log_{10}(100\times100)=\log_{10}10000$이 된다. $10000=10^4$이므로 $\log_{10}10000=4$이다. 따라서 $\log_{10}100^2=4$이다.

그다음으로, 지수 부분을 앞으로 이동한 $2\times\log_{10}100$을 계산해보자. $100=10^2$이므로 $\log_{10}100=2$이다. 따라서 $2\times\log_{10}100=2\times2=4$가 된다.

◆ $\log_{10}100^2=2\times\log_{10}100$

$\log_{10}100^2$과 $2\times\log_{10}100$은 똑같이 4가 되므로, $\log_{10}100^2=2\times\log_{10}100$이 성립함을 알 수 있다.

이것도 우연한 일치는 아니다. **이것이 로그 법칙③이다. 일반식으로 써보면, $\log_a M^k=k\times\log_a M$이 된다.** 여기서는 k제곱이라는 번거로운 거듭제곱의 계산이 k배라는 간단한 곱셈으로 변환되었다.

로그 법칙③

로그 법칙③을 일반식으로 나타내었다. 칠판에는 $\log_{10}100^2$을 이용하여 로그 법칙③이 성립함을 보여준다.

로그 법칙③

$$\log_a M^k = k \times \log_a M$$

$\log_{10}100^2$을 살펴보자.

100^2은 100×100이므로, 계산하면 $10000 = 10^4$이다.

$$\log_{10}100^2 = \log_{10}10^4 = 4 \cdots\cdots ❶$$

다음으로 $2 \times \log_{10}100$을 생각해보자. 100은 10^2이므로

$$\log_{10}100 = \log_{10}10^2 = 2$$

$$2 \times \log_{10}100 = 2 \times 2 = 4 \cdots\cdots ❷$$

따라서

$$\log_{10}100^2 = 2 \times \log_{10}100$$

로그 계산을 해보자!

동구와 정서가 비행기에서 대화하고 있다.

동구 비행기 소리가 엄청나게 크네. 몇 데시벨(dB)일까?

정서 데시벨? 그게 뭐야?

동구 소리의 크기를 나타내는 단위잖아. '음압'(공기압이 변동하는 크기)을 구하고 로그를 사용해 데시벨을 계산하는 거야. 일반적인 대화가 60dB(데시벨) 정도지. 비행기는 일반적인 대화보다 수백~수천 배로 음압이 크대.

정서 와, 자세히 아는구나. 그럼 비행기 소리는 몇 데시벨이야?

Q1 소리는 음압이 10배가 될 때마다 20dB 올라간다. 비행기의 음압이 60dB인 대화의 2000배라고 하면 비행기 소리의 크기(데시벨)는 $60+20\times\log_{10}2000$으로 계산할 수 있다. 이때의 비행기의 음압은 몇 데시벨일까? $\log_{10}2 \fallingdotseq 0.301$을 사용하여 계산해보자.

공항에서 돌아오는 길에 동구와 정서는 복권판매소를 발견했다.

동구 요즘 복권 말이야, 당첨되면 10억 원이나 받는대. 10억 원 당첨되면 좋겠다.

정서 복권도 좋지만, 얼마 전에 지수 수업에서 배운 쌀알을 매일 두 배로 받는 방법으로 용돈을 1원에서 시작해서 매일 두 배로 받으면 되지 않을까?

동구 좋은 생각이네. 며칠이 지나면 10억 원이 될까?

Q2

첫날에 1원, 둘째 날에 2원, 셋째 날에 4원 이렇게 용돈이 매일 두 배로 늘어날 때, 10억 원을 받으려면 며칠이 지나야 할까? $\log_2 5 \fallingdotseq 2.32$를 사용하여 계산해보자!

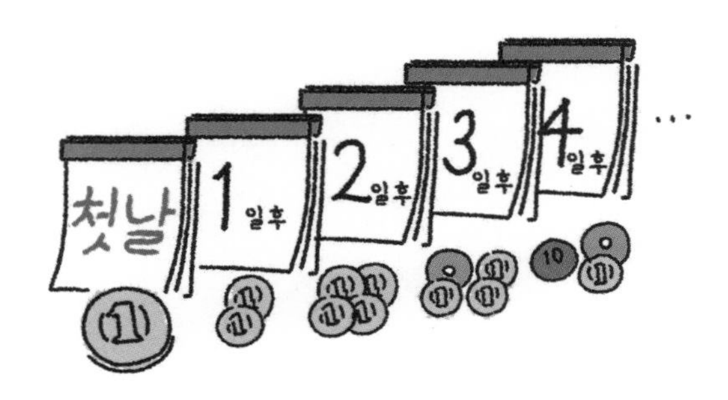

로그 계산의 답

A1 약 126dB

비행기 소리의 크기(데시벨)는 $60+20\times\log_{10}2000$이다. $\log_{10}2000$은 로그 법칙①에 따라 $\log_{10}(2\times1000)=\log_{10}2+\log_{10}1000$이 된다.

또, $\log_{10}1000=3$이고 $\log_{10}2\fallingdotseq0.301$이다. 따라서 $\log_{10}2000\fallingdotseq3+0.301=3.301$이다. 이것을 처음 식에 적용하여 계산해보면, 비행기의 소리는 약 126dB이다.

정서 2000배 **우웅** ~~압이 다른 소리가 들리다니 대단하다.~~

동구 뭐라고 했어? 비행기 소리가 너무 시끄러워서 아무 말도 안 들려!

A2 30일 후

'10억은 2를 몇 번 곱한 수일까?'라는 물음이므로, $\log_2 1000000000 = \log_2 10^9$라는 로그 계산이 된다.

$\log_2 10^9$는 로그 법칙③에 따르면 $9 \times \log_2 10$이다. $9 \times \log_2(2 \times 5)$로 변형하면 로그 법칙①에 따라 $9 \times (\log_2 2 + \log_2 5)$가 된다. $\log_2 2 = 1$이고, $\log_2 5 \fallingdotseq 2.32$이다. 따라서 $9 \times (1 + 2.32) \fallingdotseq 29.9$가 된다. 즉, 10억 원을 받는 날은 30일 후가 된다.

동구 30일쯤이야 얼마든지 기다릴 수 있지!

컴퓨터에서 쓰는 로그와 같은 말일까?

컴퓨터를 사용할 때 '로그인' 또는 간단하게 줄인 '로그'라는 단어를 종종 본다. 이 '로그'란 기록이나 이력을 말하는 것이다. 수학에서 배우는 log와 관계가 있을까?

기록이나 이력을 로그라고 하는 것은 배의 속도를 기록한 항해일지를 '로그 북'이라고 불렀던 데서 유래한다. 로그는 원래 '통나무'라는 뜻이다. 오래전부터 배의 속도를 측정하는 데 통나무가 사용되었다고 한다. 통나무를 배의 전방에 비스듬히 던져서 뱃머리에서 배꼬리까지 도달하는 시간을 측정하고, 그 시간과 배의 크기로 속도를 계산하였다. 훗날 항공일지도 '로그 북'이라 불렀고, 나아가 컴퓨터 용어로도 로그라는 단어를 사용하게 되었다. 일기형식의 웹사이트 '블로그'는 웹에 기록한다는 의미의 '웹로그'가 변형된 단어이다.

한편, 수학의 log는 logarithm이라는 영어를 줄인 말이다. 그리스어에서 '비율'을 뜻하는 logos와 수를 의미하는 arithmos를 조합하여 네이피어가 만들었다고 한다. 컴퓨터의 로그와는 유래가 전혀 다르다.

제4장
계산자와 로그표를 사용하여 계산해보자!

제4장에서는 로그를 사용하여 다양한 계산에 도전해보자!
로그 계산에 필요한 것은 제3장에서 살펴본 지수와 로그의 법칙뿐이다.
먼저 제2장에서 등장했던 계산자를 다시 살펴보자.
계산자는 도대체 어떤 원리와 방법으로
로그 계산의 답을 구할 수 있는 것일까? 계산자를 살펴보고
복잡한 계산을 정확하고 간단하게 수행할 수 있는
'상용로그표'를 이용한 계산법도 소개한다!

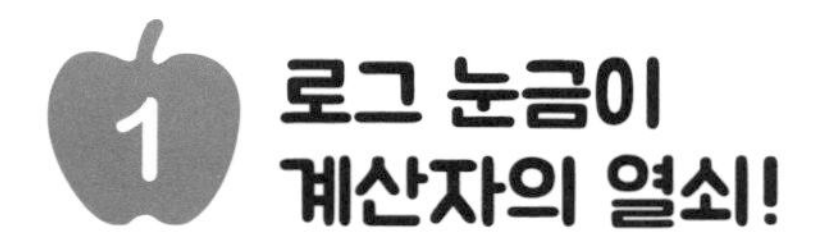

1 로그 눈금이 계산자의 열쇠!

계산자에 표기된 '로그 눈금'

48~53쪽에서 소개한 계산자를 다시 살펴보자. 도대체 어떤 원리와 구조로 계산의 답을 구할 수 있는 것일까? 지수와 로그의 법칙을 이용하여 계산자로 계산을 간단하게 만드는 방법을 알아보려고 한다. 우선 계산자의 눈금을 잘 살펴보자.

계산자의 눈금은 '로그 눈금'이라고 한다. 눈금 간의 거리가 모두 같지 않고, 원점에서 각각 눈금까지의 거리가 로그의 값으로 되어 있다.

로그 눈금의 간격은 로그의 값으로 되어 있다

로그 눈금은 원점의 눈금이 1이다(오른쪽 그림 참조). 0이 아니라는 점에 주의해야 한다. 그리고 눈금 1에서 눈금 2까지의 거리는 $\log_{10}2$, 눈금 1에서 눈금 3까지의 거리는 $\log_{10}3$, 눈금 1에서 눈금 4까지의 거리는 $\log_{10}4$, 눈금 1에서 눈금 5까지의 거리는 $\log_{10}5$, 이런 방식으로 눈금이 증가한다. 이 로그 눈금이야말로 계산자의 원리를 해석하는 열쇠이다.

계산자의 로그 눈금

계산자의 눈금은 로그 눈금이다. 따라서 계산자의 '2' 눈금은 원점 (1)에서 $\log_{10}2$(≒ 0.3010)만큼 떨어진 곳에 그려져 있다.

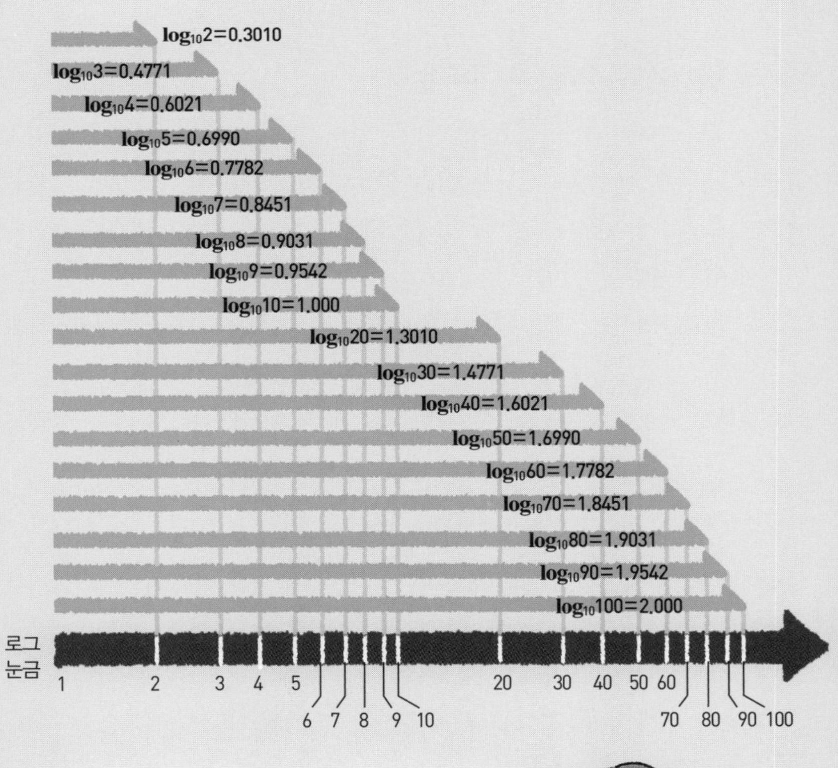

계산자의 눈금 위치는
로그값을 토대로 했네.

2 계산자의 원리 2×3의 계산

◆ $\log_{10}(2\times3)$을 덧셈으로 변환

여기서는 50~51쪽에서 소개한 2×3을 계산자로 계산하는 원리를 자세히 살펴보자.

먼저 2×3을 로그의 형태인 $\log_{10}(2\times3)$으로 바꾼다. 로그 법칙①에 따라 $\log_{10}(2\times3)=\log_{10}2+\log_{10}3$이다. '2×3'이라는 곱셈이 덧셈으로 변환되었다. 여기서 $\log_{10}(2\times3)=\log_{10}2+\log_{10}3=\log_{10}\square$라고 생각해보면 2×3=□가 된다. **계산자는 □의 수를 구하여 계산의 답을 도출한다.**

◆ 계산자에서 $\log_{10}2$와 $\log_{10}3$을 더한다

계산자(오른쪽 위 그림)를 사용하여 답을 찾아보자. 우선 D자에서 눈금 2를 찾는다. 로그 눈금이므로 원점 1에서의 거리는 $\log_{10}2$이다. 다음 C자의 원점 1을 D자의 2에 맞추고 C자에서 눈금 3을 찾는다. 이 작업은 D자의 $\log_{10}2$와 C자의 $\log_{10}3$을 더하는 것에 해당한다.

그리고 C자의 눈금 3 바로 아래에 있는 D자의 눈금 6을 읽는다. **이 작업은 $\log_{10}2+\log_{10}3=\log_{10}\square$라는 식에서 □의 수를 찾아내는 것과 같다.** 이 과정에서 □=6임을 알 수 있다. 이것이 2×3의 계산에 대한 답이다.

2×3의 계산 과정

계산자에서는 D자의 눈금 2에 C자의 원점 1을 맞추고, C자의 눈금 3 바로 밑에 있는 D의 값을 읽는다. 답은 6이다.

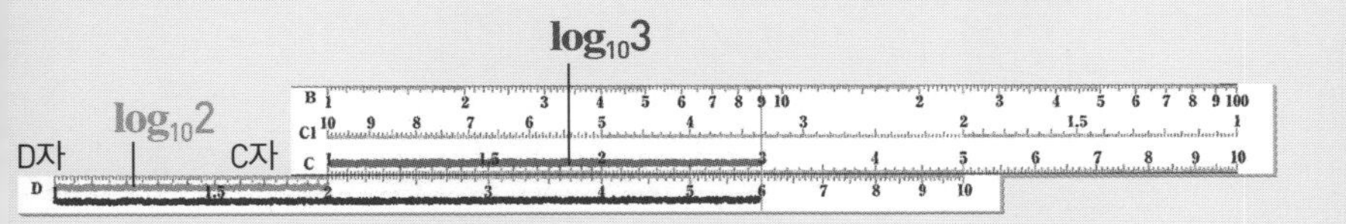

$\log_{10}(2\times3)$을 살펴보자. 로그 법칙①에 의해

$$\log_{10}(2\times3) = \log_{10}2 + \log_{10}3 \quad \cdots\cdots ❶$$

D자의 눈금 2에 C자의 원점 1을 맞추면

하늘색 선의 길이 $= \log_{10}2$

회색 선의 길이 $= \log_{10}3$

따라서

검은색 선의 길이 = 하늘색 선의 길이 + 회색 선의 길이

$= \log_{10}2 + \log_{10}3 \quad \cdots\cdots$ ❷

한편, D자의 값을 읽으면

검은색 선의 길이 $= \log_{10}6 \quad \cdots\cdots$ ❸

❷와 ❸은 같으므로

$$\log_{10}2 + \log_{10}3 = \log_{10}6$$

이 식과 ❶에 의해

$$\log_{10}(2\times3) = \log_{10}6$$

양변의 진수를 비교해보면, 2×3=6임을 알 수 있다.

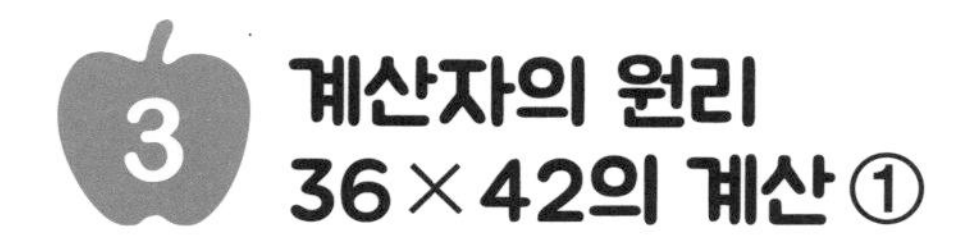

$\log_{10}(3.6 \times 4.2)$를 덧셈으로 변환

52~53쪽에서 계산자로 36×42를 계산했던 과정을 다시 한번 살펴보자. **일단 계산자의 C자와 D자의 눈금은 범위가 1~10이므로, 그 범위에서 계산할 수 있게 36과 42를 각각 $\frac{1}{10}$인 3.6과 4.2로 가정하였다.** 그리고 3.6×4.2를 로그 형태인 $\log_{10}(3.6 \times 4.2)$로 바꾼다. 다음으로 로그 법칙①에 따라 $\log_{10}(3.6 \times 4.2) = \log_{10}3.6 + \log_{10}4.2$로 변형한다. 여기서 앞에서 나온 2×3의 계산과 마찬가지로, D자의 눈금 3.6에 C자의 눈금 1을 맞추고, 그때 C자의 눈금 4.2를 찾는다(오른쪽 위 그림). 그리고 C자의 눈금 4.2 바로 밑에 오는 D자의 눈금을 읽는다.

$\log_{10}3.6 + \log_{10}4.2$가 D자의 범위를 벗어난다

그런데 C자의 4.2 아래에는 D자의 눈금이 없다. **즉, 오른쪽 그림과 같이 $\log_{10}3.6 + \log_{10}4.2$의 길이가 D자의 범위를 벗어나 답을 구할 수 없다.**

36×42의 계산 과정①

계산자에서는 D자의 눈금 3.6에 C자의 원점 1을 맞추고 C자의 눈금 4.2 밑에 있는 D자의 눈금을 읽는다. 이 예에서는 자의 범위를 벗어나 읽을 수 없으므로 실패이다.

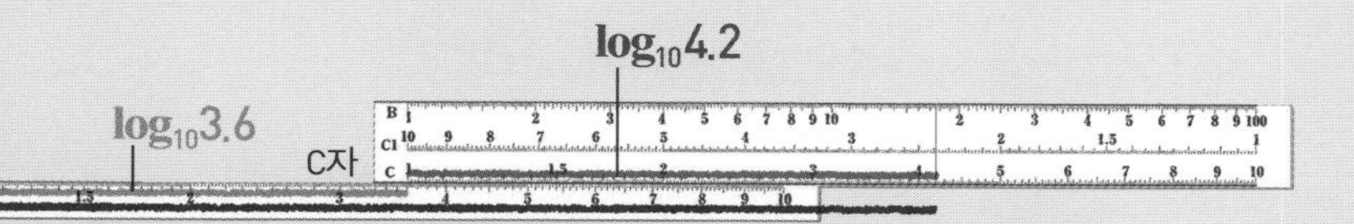

$\log_{10}(3.6\times4.2)$를 살펴보자. 로그 법칙①에 의해

$$\log_{10}(3.6\times4.2)=\log_{10}3.6+\log_{10}4.2$$

D자의 눈금 3.6에 C자의 원점 1을 맞추면

하늘색 선의 길이 $=\log_{10}3.6$

회색 선의 길이 $=\log_{10}4.2$

따라서

검은색 선의 길이 = 하늘색 선의 길이 + 회색 선의 길이

검은색 선의 길이 $=\log_{10}3.6+\log_{10}4.2$

그런데 $\log_{10}3.6+\log_{10}4.2$의 길이는 D자에서 읽을 수가 없다.

자의 범위를 벗어나 계산 실패이다!

4 계산자의 원리 36×42의 계산 ②

◆ $\log_{10}(3.6\times4.2\div10)$을 뺄셈으로 변환

앞에서는 36×42를 3.6×4.2로 가정하였지만, 자의 눈금 범위를 벗어나 실패했다. **이번에는 10으로 한 번 더 나누어 (3.6×4.2÷10)으로 생각해보자.** 우선 $\log_{10}(3.6\times4.2\div10)$의 형태로 바꾼다. 로그 법칙①과 ②에 따르면 $\log_{10}(3.6\times4.2\div10)=\log_{10}3.6+\log_{10}4.2-\log_{10}10$이다. 이 식은 $\log_{10}3.6-(\log_{10}10-\log_{10}4.2)$로 바꾸어 쓸 수 있다. 여기서 $\log_{10}(3.6\times4.2\div10)=\log_{10}3.6-(\log_{10}10-\log_{10}4.2)=\log_{10}\square$라고 하자. 그러면 $3.6\times4.2\div10=\square$가 된다. 이 □를 계산자로 구한다.

◆ 계산자로 log의 뺄셈을 한다

계산자(오른쪽 위 그림)에서 D자의 눈금 3.6에 C자의 눈금 10을 맞추고 C자에서 4.2의 눈금을 찾는다. C자의 눈금 10과 4.2의 거리는 $(\log_{10}10-\log_{10}4.2)$이다. 즉, 이 작업은 D자의 $\log_{10}3.6$에서 C자의 $(\log_{10}10-\log_{10}4.2)$를 빼는 것에 해당한다. 그 결과 C자의 눈금 4.2 바로 밑에 있는 D자의 눈금은 대략 1.51임을 읽을 수 있다. **이것은 $\log_{10}3.6-(\log_{10}10-\log_{10}4.2)=\log_{10}\square$라는 식에서 □의 수를 읽는 것과 같다.** 따라서 □≒1.51이라 할 수 있겠다. 3.6×4.2÷10≒1.51이므로 36×42의 답은 '약 1510'이다.

36×42의 계산 과정②

계산자에서 D자의 눈금 3.6에 C자의 눈금 10을 맞추고 C자의 눈금 4.2 바로 밑에 있는 D자의 눈금 약 1.51을 읽는다. 자릿수를 조정하면 약 1510이 정답이다.

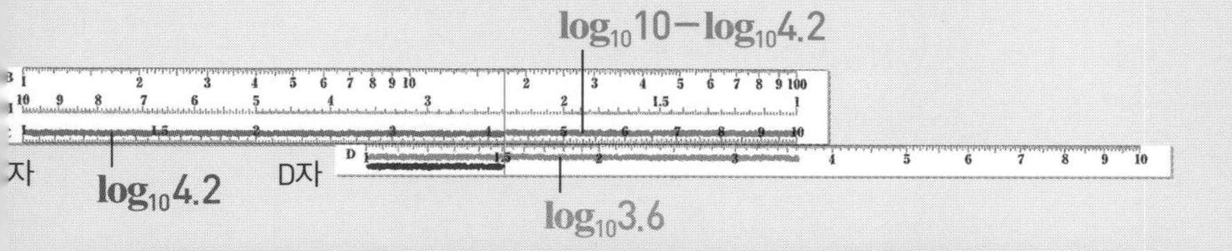

$\log_{10}(3.6\times4.2\div10)$을 살펴보자. 로그 법칙①과 ②에 따라

$$\log_{10}(3.6\times4.2\div10)=\log_{10}3.6+\log_{10}4.2-\log_{10}10$$
$$=\log_{10}3.6-(\log_{10}10-\log_{10}4.2)\ \cdots\cdots\ ❶$$

D자의 눈금 3.6에 C자의 10을 맞추면

하늘색 선의 길이 $=\log_{10}3.6$

회색 선의 길이 $=\log_{10}4.2$

또, 파란색 선의 길이는 C자 전체($\log_{10}10$)에서 회색 선을 뺀 값이므로

파란색 선의 길이 $=\log_{10}10-\log_{10}4.2$

따라서

검은색 선의 길이 = 하늘색 선의 길이 − 파란색 선의 길이

$$=\log_{10}3.6-(\log_{10}10-\log_{10}4.2)\ \cdots\cdots\ ❷$$

한편, D자에서 눈금을 읽으면

검은색 선의 길이 $=\log_{10}1.51$ ⋯⋯ ❸

❶, ❷, ❸에서

$$\log_{10}(3.6\times4.2\div10)\fallingdotseq\log_{10}1.51$$

진수 부분을 비교하면

$$3.6\times4.2\div10\fallingdotseq1.51$$

따라서 이 식의 양변에 1000을 곱하여, $36\times42\fallingdotseq1510$임을 알 수 있다.

영화에 등장하는 계산자!

계산자는 불과 40~50년 전까지 과학자, 기술자의 필수품이었다. **이 때문에 그 시대의 과학자, 기술자를 그린 영화 속에 계산자가 종종 등장한다.**

예를 들면 유인 달 탐사선의 이야기를 그린 영화 〈아폴로 13〉(1995년 개봉)에서는 우주왕복선의 궤도를 계산하기 위해 계산자를 사용하는 장면이 나온다. 또, 스튜디오 지브리의 〈바람이 분다〉(2013년 개봉)에서는 비행기 설계에 계산자를 사용하였다. 그 외에도 리처드 기어 주연의 청춘 영화 〈사관과 신사〉(1982년 개봉)나 호화여객선의 침몰사고를 그린 〈타이타닉〉(1997년 개봉) 등 수많은 영화에 계산자가 등장하였다.

영화에 등장할 정도로 계산자는 흔히 사용되었던 도구였다는 뜻이다. **그러나 현재에는 컴퓨터나 스마트폰이 계산자를 대신하고 있어 계산자를 실제로 사용하는 사람은 거의 없다.**

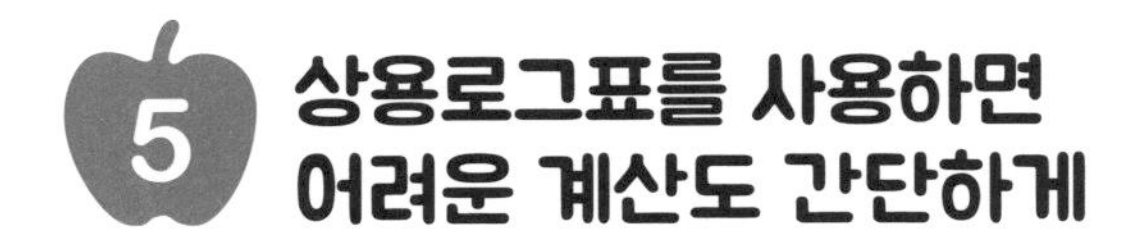

상용로그표를 사용하면 어려운 계산도 간단하게

상용로그표란 10을 밑으로 하는 로그 일람표

'상용로그표'를 활용하면 로그를 이용하는 계산을 간단하게 할 수 있다. **상용로그표란 10을 밑으로 하는 로그의 일람표이다(오른쪽 표).** 먼저 직접 오른쪽 표에서 $\log_{10}1.31$의 값을 찾아보자.

상용로그표를 사용하면 계산의 오차를 줄일 수 있다

먼저 표의 왼쪽 끝 줄에서 1.31의 소수 첫째 자리까지의 값인 1.3을 찾는다. 다음으로 상단에서 1.31의 소수 둘째 자리의 값 1을 찾는다. 이 1.3이 있는 행과 1이 있는 열이 교차하는 지점의 값 0.1173이 $\log_{10}1.31$의 값이다.

즉, 진수의 '정수 부분과 소수 첫째 자리'의 값을 왼쪽에서, 진수의 '소수 둘째 자리'의 값을 상단에서 찾아 각 행과 열이 교차하는 지점의 수를 읽으면 그 진수에 해당하는 상용로그의 값을 알 수 있다.

자릿수가 많은 상용로그표를 활용하면 일반적인 계산자를 쓸 때보다 계산 결과의 오차를 줄일 수 있다. 다음 쪽의 상용로그표를 활용하여 복잡한 곱셈을 해보자.

상용로그표 파란 윤곽선은 $\log_{10}1.31$의 값을 나타낸다.

수	0	1	2	3	4	5	6	7	8	9
1.0	0.0000	0.0043	0.0086	0.0128	0.0170	0.0212	0.0253	0.0294	0.0334	0.0374
1.1	0.0414	0.0453	0.0492	0.0531	0.0569	0.0607	0.0645	0.0682	0.0719	0.0755
1.2	0.0792	0.0828	0.0864	0.0899	0.0934	0.0969	0.1004	0.1038	0.1072	0.1106
1.3	0.1139	**0.1173**	0.1206	0.1239	0.1271	0.1303	0.1335	0.1367	0.1399	0.1430
1.4	0.1461	0.1492	0.1523	0.1553	0.1584	0.1614	0.1644	0.1673	0.1703	0.1732
1.5	0.1761	0.1790	0.1818	0.1847	0.1875	0.1903	0.1931	0.1959	0.1987	0.2014
1.6	0.2041	0.2068	0.2095	0.2122	0.2148	0.2175	0.2201	0.2227	0.2253	0.2279
1.7	0.2304	0.2330	0.2355	0.2380	0.2405	0.2430	0.2455	0.2480	0.2504	0.2529
1.8	0.2553	0.2577	0.2601	0.2625	0.2648	0.2672	0.2695	0.2718	0.2742	0.2765
1.9	0.2788	0.2810	0.2833	0.2856	0.2878	0.2900	0.2923	0.2945	0.2967	0.2989
2.0	0.3010	0.3032	0.3054	0.3075	0.3096	0.3118	0.3139	0.3160	0.3181	0.3201
2.1	0.3222	0.3243	0.3263	0.3284	0.3304	0.3324	0.3345	0.3365	0.3385	0.3404
2.2	0.3424	0.3444	0.3464	0.3483	0.3502	0.3522	0.3541	0.3560	0.3579	0.3598
2.3	0.3617	0.3636	0.3655	0.3674	0.3692	0.3711	0.3729	0.3747	0.3766	0.3784
2.4	0.3802	0.3820	0.3838	0.3856	0.3874	0.3892	0.3909	0.3927	0.3945	0.3962
2.5	0.3979	0.3997	0.4014	0.4031	0.4048	0.4065	0.4082	0.4099	0.4116	0.4133
2.6	0.4150	0.4166	0.4183	0.4200	0.4216	0.4232	0.4249	0.4265	0.4281	0.4298
2.7	0.4314	0.4330	0.4346	0.4362	0.4378	0.4393	0.4409	0.4425	0.4440	0.4456
2.8	0.4472	0.4487	0.4502	0.4518	0.4533	0.4548	0.4564	0.4579	0.4594	0.4609
2.9	0.4624	0.4639	0.4654	0.4669	0.4683	0.4698	0.4713	0.4728	0.4742	0.4757
3.0	0.4771	0.4786	0.4800	0.4814	0.4829	0.4843	0.4857	0.4871	0.4886	0.4900
3.1	0.4914	0.4928	0.4942	0.4955	0.4969	0.4983	0.4997	0.5011	0.5024	0.5038
3.2	0.5051	0.5065	0.5079	0.5092	0.5105	0.5119	0.5132	0.5145	0.5159	0.5172
3.3	0.5185	0.5198	0.5211	0.5224	0.5237	0.5250	0.5263	0.5276	0.5289	0.5302
3.4	0.5315	0.5328	0.5340	0.5353	0.5366	0.5378	0.5391	0.5403	0.5416	0.5428
3.5	0.5441	0.5453	0.5465	0.5478	0.5490	0.5502	0.5514	0.5527	0.5539	0.5551
3.6	0.5563	0.5575	0.5587	0.5599	0.5611	0.5623	0.5635	0.5647	0.5658	0.5670
3.7	0.5682	0.5694	0.5705	0.5717	0.5729	0.5740	0.5752	0.5763	0.5775	0.5786
3.8	0.5798	0.5809	0.5821	0.5832	0.5843	0.5855	0.5866	0.5877	0.5888	0.5899
3.9	0.5911	0.5922	0.5933	0.5944	0.5955	0.5966	0.5977	0.5988	0.5999	0.6010
4.0	0.6021	0.6031	0.6042	0.6053	0.6064	0.6075	0.6085	0.6096	0.6107	0.6117
4.1	0.6128	0.6138	0.6149	0.6160	0.6170	0.6180	0.6191	0.6201	0.6212	0.6222
4.2	0.6232	0.6243	0.6253	0.6263	0.6274	0.6284	0.6294	0.6304	0.6314	0.6325
4.3	0.6335	0.6345	0.6355	0.6365	0.6375	0.6385	0.6395	0.6405	0.6415	0.6425
4.4	0.6435	0.6444	0.6454	0.6464	0.6474	0.6484	0.6493	0.6503	0.6513	0.6522
4.5	0.6532	0.6542	0.6551	0.6561	0.6571	0.6580	0.6590	0.6599	0.6609	0.6618
4.6	0.6628	0.6637	0.6646	0.6656	0.6665	0.6675	0.6684	0.6693	0.6702	0.6712
4.7	0.6721	0.6730	0.6739	0.6749	0.6758	0.6767	0.6776	0.6785	0.6794	0.6803
4.8	0.6812	0.6821	0.6830	0.6839	0.6848	0.6857	0.6866	0.6875	0.6884	0.6893
4.9	0.6902	0.6911	0.6920	0.6928	0.6937	0.6946	0.6955	0.6964	0.6972	0.6981
5.0	0.6990	0.6998	0.7007	0.7016	0.7024	0.7033	0.7042	0.7050	0.7059	0.7067
5.1	0.7076	0.7084	0.7093	0.7101	0.7110	0.7118	0.7126	0.7135	0.7143	0.7152
5.2	0.7160	0.7168	0.7177	0.7185	0.7193	0.7202	0.7210	0.7218	0.7226	0.7235
5.3	0.7243	0.7251	0.7259	0.7267	0.7275	0.7284	0.7292	0.7300	0.7308	0.7316
5.4	0.7324	0.7332	0.7340	0.7348	0.7356	0.7364	0.7372	0.7380	0.7388	0.7396
5.5	0.7404	0.7412	0.7419	0.7427	0.7435	0.7443	0.7451	0.7459	0.7466	0.7474
5.6	0.7482	0.7490	0.7497	0.7505	0.7513	0.7520	0.7528	0.7536	0.7543	0.7551
5.7	0.7559	0.7566	0.7574	0.7582	0.7589	0.7597	0.7604	0.7612	0.7619	0.7627
5.8	0.7634	0.7642	0.7649	0.7657	0.7664	0.7672	0.7679	0.7686	0.7694	0.7701
5.9	0.7709	0.7716	0.7723	0.7731	0.7738	0.7745	0.7752	0.7760	0.7767	0.7774
6.0	0.7782	0.7789	0.7796	0.7803	0.7810	0.7818	0.7825	0.7832	0.7839	0.7846
6.1	0.7853	0.7860	0.7868	0.7875	0.7882	0.7889	0.7896	0.7903	0.7910	0.7917
6.2	0.7924	0.7931	0.7938	0.7945	0.7952	0.7959	0.7966	0.7973	0.7980	0.7987
6.3	0.7993	0.8000	0.8007	0.8014	0.8021	0.8028	0.8035	0.8041	0.8048	0.8055
6.4	0.8062	0.8069	0.8075	0.8082	0.8089	0.8096	0.8102	0.8109	0.8116	0.8122
6.5	0.8129	0.8136	0.8142	0.8149	0.8156	0.8162	0.8169	0.8176	0.8182	0.8189
6.6	0.8195	0.8202	0.8209	0.8215	0.8222	0.8228	0.8235	0.8241	0.8248	0.8254
6.7	0.8261	0.8267	0.8274	0.8280	0.8287	0.8293	0.8299	0.8306	0.8312	0.8319
6.8	0.8325	0.8331	0.8338	0.8344	0.8351	0.8357	0.8363	0.8370	0.8376	0.8382
6.9	0.8388	0.8395	0.8401	0.8407	0.8414	0.8420	0.8426	0.8432	0.8439	0.8445
7.0	0.8451	0.8457	0.8463	0.8470	0.8476	0.8482	0.8488	0.8494	0.8500	0.8506
7.1	0.8513	0.8519	0.8525	0.8531	0.8537	0.8543	0.8549	0.8555	0.8561	0.8567
7.2	0.8573	0.8579	0.8585	0.8591	0.8597	0.8603	0.8609	0.8615	0.8621	0.8627
7.3	0.8633	0.8639	0.8645	0.8651	0.8657	0.8663	0.8669	0.8675	0.8681	0.8686
7.4	0.8692	0.8698	0.8704	0.8710	0.8716	0.8722	0.8727	0.8733	0.8739	0.8745
7.5	0.8751	0.8756	0.8762	0.8768	0.8774	0.8779	0.8785	0.8791	0.8797	0.8802
7.6	0.8808	0.8814	0.8820	0.8825	0.8831	0.8837	0.8842	0.8848	0.8854	0.8859
7.7	0.8865	0.8871	0.8876	0.8882	0.8887	0.8893	0.8899	0.8904	0.8910	0.8915
7.8	0.8921	0.8927	0.8932	0.8938	0.8943	0.8949	0.8954	0.8960	0.8965	0.8971
7.9	0.8976	0.8982	0.8987	0.8993	0.8998	0.9004	0.9009	0.9015	0.9020	0.9025
8.0	0.9031	0.9036	0.9042	0.9047	0.9053	0.9058	0.9063	0.9069	0.9074	0.9079
8.1	0.9085	0.9090	0.9096	0.9101	0.9106	0.9112	0.9117	0.9122	0.9128	0.9133
8.2	0.9138	0.9143	0.9149	0.9154	0.9159	0.9165	0.9170	0.9175	0.9180	0.9186
8.3	0.9191	0.9196	0.9201	0.9206	0.9212	0.9217	0.9222	0.9227	0.9232	0.9238
8.4	0.9243	0.9248	0.9253	0.9258	0.9263	0.9269	0.9274	0.9279	0.9284	0.9289
8.5	0.9294	0.9299	0.9304	0.9309	0.9315	0.9320	0.9325	0.9330	0.9335	0.9340
8.6	0.9345	0.9350	0.9355	0.9360	0.9365	0.9370	0.9375	0.9380	0.9385	0.9390
8.7	0.9395	0.9400	0.9405	0.9410	0.9415	0.9420	0.9425	0.9430	0.9435	0.9440
8.8	0.9445	0.9450	0.9455	0.9460	0.9465	0.9469	0.9474	0.9479	0.9484	0.9489
8.9	0.9494	0.9499	0.9504	0.9509	0.9513	0.9518	0.9523	0.9528	0.9533	0.9538
9.0	0.9542	0.9547	0.9552	0.9557	0.9562	0.9566	0.9571	0.9576	0.9581	0.9586
9.1	0.9590	0.9595	0.9600	0.9605	0.9609	0.9614	0.9619	0.9624	0.9628	0.9633
9.2	0.9638	0.9643	0.9647	0.9652	0.9657	0.9661	0.9666	0.9671	0.9675	0.9680
9.3	0.9685	0.9689	0.9694	0.9699	0.9703	0.9708	0.9713	0.9717	0.9722	0.9727
9.4	0.9731	0.9736	0.9741	0.9745	0.9750	0.9754	0.9759	0.9763	0.9768	0.9773
9.5	0.9777	0.9782	0.9786	0.9791	0.9795	0.9800	0.9805	0.9809	0.9814	0.9818
9.6	0.9823	0.9827	0.9832	0.9836	0.9841	0.9845	0.9850	0.9854	0.9859	0.9863
9.7	0.9868	0.9872	0.9877	0.9881	0.9886	0.9890	0.9894	0.9899	0.9903	0.9908
9.8	0.9912	0.9917	0.9921	0.9926	0.9930	0.9934	0.9939	0.9943	0.9948	0.9952
9.9	0.9956	0.9961	0.9965	0.9969	0.9974	0.9978	0.9983	0.9987	0.9991	0.9996

6 131×219×563×608을 계산해보자 ①

◆ 기본적인 원리는 계산자로 할 때와 같다

그러면 곱셈 131×219×563×608을 상용로그표를 이용하여 계산해보자. **기본적인 원리는 계산자를 사용할 때와 같고, 곱셈을 덧셈으로 변환할 수 있는 로그 법칙①이 중요한 역할을 한다.**

◆ 로그를 취하여 덧셈으로 변환

먼저 131×219×563×608을 10을 밑으로 하는 로그로 나타내면 $\log_{10}(131\times219\times563\times608)$이다. 이 계산에 사용할 상용로그표(99쪽)는 진수값의 범위가 1.00~9.99이므로 진수의 자릿수를 조절해야 한다. 그러므로 $\log_{10}(131\times219\times563\times608)=\log_{10}\{(1.31\times10^2)\times(2.19\times10^2)\times(5.63\times10^2)\times(6.08\times10^2)\}$으로 변형한다. 이 식은 지수 법칙①에 따라 $\log_{10}(1.31\times2.19\times5.63\times6.08\times10^8)$으로 바꾸어 쓸 수 있다.

이 식을 다시 로그 법칙①에 따라 $\log_{10}1.31+\log_{10}2.19+\log_{10}5.63+\log_{10}6.08+\log_{10}10^8$로 바꾸어 곱셈을 덧셈으로 변형한다. 로그 법칙③에 의해 $\log_{10}10^8=8\times\log_{10}10=8$이므로, $\log_{10}1.31+\log_{10}2.19+\log_{10}5.63+\log_{10}6.08+8$이 된다.

(102쪽에 계속)

131×219×563×608의 계산 ①

131×219×563×608을 10을 밑으로 하는 로그의 진수라고 가정하자. 로그 법칙①에 따라 곱셈을 덧셈으로 변환하는 데까지가 1단계이다.

$$\log_{10}(131\times219\times563\times608)$$
$$=\log_{10}\{(1.31\times10^2)\times(2.19\times10^2)\times(5.63\times10^2)\times(6.08\times10^2)\}$$

지수 법칙①에 따라

$$=\log_{10}(1.31\times2.19\times5.63\times6.08\times10^8)$$

로그 법칙①에 따라

$$=\log_{10}1.31+\log_{10}2.19+\log_{10}5.63+\log_{10}6.08+\log_{10}10^8$$
$$=\log_{10}1.31+\log_{10}2.19+\log_{10}5.63+\log_{10}6.08+8 \cdots\cdots ❶$$

로그 법칙③에 따라, $\log_{10}10^8=8\times\log_{10}10$이다.
또, $\log_{10}10=1$이므로, $\log_{10}10^8=8$이다.

계산자를 쓸 때처럼
곱셈을 덧셈으로 변환하는구나.

7 131×219×563×608을 계산해보자 ②

상용로그표에서 읽은 값을 대입

앞의 100쪽에서 $\log_{10}(131\times219\times563\times608)=\log_{10}1.31+\log_{10}2.19+\log_{10}5.63+\log_{10}6.08+8$이 된다는 것을 알아보았다. **다음으로 상용로그표에서 각각의 상용로그 값을 읽는다.**

상용로그표에서 읽은 값은 $\log_{10}1.31\fallingdotseq0.1173$, $\log_{10}2.19\fallingdotseq0.3404$, $\log_{10}5.63\fallingdotseq0.7505$, $\log_{10}6.08\fallingdotseq0.7839$이다. 이 값을 대입하면 $0.1173+0.3404+0.7505+0.7839+8=1.9921+8=0.9921+9$가 된다.

덧셈만으로 계산

이번에는 상용로그의 값이 0.9921에 근접하는 진수의 값을 상용로그표에서 찾는다. 표를 통해 $0.9921\fallingdotseq\log_{10}9.82$임을 알 수 있다. 따라서 $\log_{10}(131\times219\times563\times608)\fallingdotseq0.9921+9\fallingdotseq\log_{10}9.82+9=\log_{10}9.82+\log_{10}10^9=\log_{10}(9.82\times10^9)$이 된다. 이 식의 진수 부분에 주목하면 $131\times219\times563\times608\fallingdotseq9.82\times10^9=9820000000$을 도출할 수 있다.

이렇게 상용로그표에서 값을 읽어 0.1173+0.3404+0.7505+0.7839라는 덧셈만으로 계산할 수 있었다. 원래의 곱셈이 복잡해질수록 로그를 활용한 계산의 간략화는 큰 힘을 발휘한다.

$131 \times 219 \times 563 \times 608$의 계산 ②

로그 법칙①을 사용하여 곱셈을 덧셈으로 변환한 다음, 상용로그표에서 상용로그를 읽어 대입한다. 그다음은 덧셈만으로도 답을 도출할 수 있다.

$\log_{10}1.31$, $\log_{10}2.19$, $\log_{10}5.63$, $\log_{10}6.08$의 값을 상용로그표에서 읽어 ❶에 대입한다.

$$\log_{10}(131 \times 219 \times 563 \times 608)$$

$$\fallingdotseq 0.1173 + 0.3404 + 0.7505 + 0.7839 + 8$$

상용로그표에서 읽은 상용로그값의 덧셈

$$= 1.9921 + 8 = 0.9921 + 9 \cdots\cdots ❷$$

상용로그표의 상용로그값이 1보다 작으므로 그에 맞게 소수점 이하 부분과 정수 부분으로 나누었다.

여기서, 상용로그값이 0.9921에 가까운 진수를 상용로그표에서 읽으면 $0.9921 \fallingdotseq \log_{10}9.82$임을 알 수 있다. ❷에 $0.9921 \fallingdotseq \log_{10}9.82$를 대입한다.

$$\log_{10}(131 \times 219 \times 563 \times 608) \fallingdotseq \log_{10}9.82 + 9$$

$$= \log_{10}9.82 + \log_{10}10^9$$

$$= \log_{10}(9.82 \times 10^9)$$

$\log_{10}10 = 1$이므로, $9 = 9 \times \log_{10}10$으로 변형한다. 로그 법칙③에 의해 $9 \times \log_{10}10 = \log_{10}10^9$이다. 따라서 $9 = \log_{10}10^9$이다.

로그 법칙①에 의해

이렇게 구한 $\log_{10}(131 \times 219 \times 563 \times 608) \fallingdotseq \log_{10}(9.82 \times 10^9)$의 양변의 진수 부분을 비교한다.

$$131 \times 219 \times 563 \times 608 \fallingdotseq 9.82 \times 10^9 = 9820000000$$

따라서 $131 \times 219 \times 563 \times 608$의 답은 약 9820000000
(실제 답은 9820359456이다)

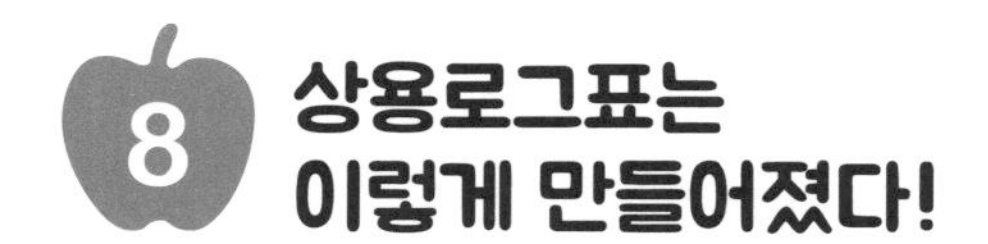

네이피어가 로그표를 발표

로그를 사용해 계산을 간략화하기 위해서는 상용로그표가 꼭 필요하다. 그러나 네이피어(36~37쪽)가 로그를 발명했던 당시에는 세상에 로그표가 존재하지 않았다.

네이피어는 스스로 방대한 계산을 하여 아무것도 없는 상태에서 로그표를 완성하였고, 1614년에 「경이적인 로그 법칙의 기술」이라는 제목으로 라틴어 논문을 발표하였다. 로그를 고안한 지 20년이 지난 후의 일이었다.

브리그스가 상용로그표를 완성하였다

그런데 네이피어가 발명한 로그는 밑이 10이 아니어서 사용하기가 무척 어려웠다. **이를 보고 영국의 수학자이자 천문학자인 헨리 브리그스(1561~1630)는 계산을 간략화하기 좋게 10을 밑으로 할 것을 네이피어에게 제안하였다.**

브리그스는 1617년에 1000까지 양의 정수를 진수로 하고 밑이 10인 상용로그의 값을 계산하여 발표하였다. 그리고 1624년에는 1에서 20000까지와 90000에서 100000까지 양의 정수에 대해 소수점 이하 열네 자리까지 계산한 상용로그표를 완성하였다.

상용로그표를 만든 브리그스

브리그스는 네이피어가 발표한 로그표의 논문에 감명을 받고 상용로그표의 작성에 몰두하였다. 그리고 방대한 계산 끝에 3만 개의 정수에 대한 상용로그표를 1624년에 발표하였다.

헨리 브리그스(1561~1630)
영국의 수학자이자 천문학자로,
밑이 10인 상용로그표를 완성하였다.

다재다능한 브리그스

1561년
영국에서 태어난
브리그스

천문학에 흥미를
느껴 열심히
연구하고 있었다.

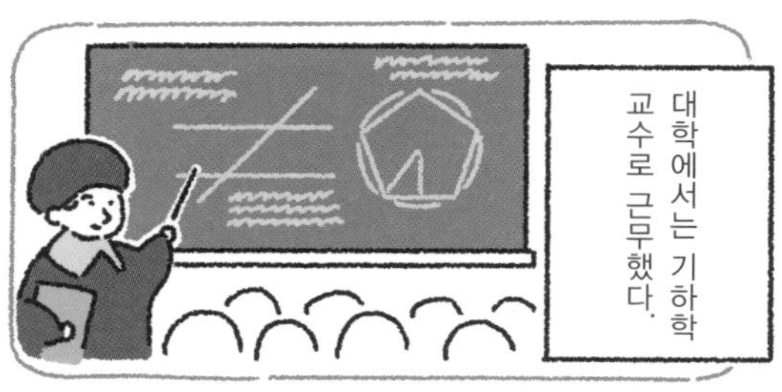
대학에서는 기하학
교수로 근무했다.

다양한 분야에
관심을 가져
통계조사나 조선,
채굴 등의 분야에
서도 활약했다.

완성을 눈앞에

네이피어의 논문을 읽은 브리그스
로그는 대단해!!
밑을 10으로 하는 게 좋지 않겠소?
오! 그렇군요!
네이피어
브리그스
네이피어와 약속한 상용로그표를 만들기 위해 열심히 계산하는 데……
완성을 눈앞에 두고 네이피어는 세상을 뜨고 말았다.

제5장
특별한 수 e를 사용하는 자연로그

지금까지 로그가 편리한 계산 도구가 된다는 사실을 살펴보았다.
사실 로그의 위력은 거기서 그치지 않는다.
로그는 특별한 수인 '네이피어 수 e'와 함께
자연현상이나 경제활동을 수학적으로 분석할 때도 활약하고 있다!
제5장에서는 e가 어떤 수인지 소개하고,
나아가 e와 관련된 '자연로그'에 대해 설명한다.

1 금리 계산에서 발견한 신기한 수 'e'

야곱 베르누이가 e를 발견하다

지금부터는 로그와 밀접한 관계에 있는 '네이피어 수 e'를 소개한다. e는 수학이나 물리학에 자주 등장하는 중요한 수이다.

e는 2.718281…… 이렇게 소수점 이하가 무한히 계속된다. **스위스의 수학자 야곱 베르누이(1654~1705)가 저축 금액을 계산하다가 $(1+\frac{1}{n})^n$이라는 식을 사용하여 발견했다고 한다.**

베르누이가 발견한 e

최초에 맡긴 금액이 1, $\frac{1}{n}$년 후에 저축액이 $(1+\frac{1}{n})$배가 될 때, 1년 후의 금액을 표에 정리하였다(아래). n이 클수록 1년 후의 저축액은 2.718281…에 가까워진다. 또, 1년 후 저축액의 추이는 오른쪽 그래프와 같다. n이 클수록, 그래프는 $y=e^x$에 가까워진다.

n	일정한 이자가 붙는 기간($\frac{1}{n}$년)	이자($\frac{1}{n}$)	1년 후의 저축액$(1+\frac{1}{n})^n$
1	1년	$\frac{1}{1}$	2
2	6개월	$\frac{1}{2}$	2.25
4	3개월	$\frac{1}{4}$	2.44140625
12	1개월	$\frac{1}{12}$	2.6130352902…
365	1일	$\frac{1}{365}$	2.7145674820…
8760	1시간	$\frac{1}{8760}$	2.7181266916…

1년 후의 저축액이 e에 수렴한다

돈을 맡기면 1년마다 원금의 100%가 이자로 붙는 은행을 예로 들어보자. 이자가 100%이므로 1년 후의 저축액은 원래의 (1+1)배(=2배)가 된다. 다음으로 반년($\frac{1}{2}$년)마다 원금의 $\frac{1}{2}$이 이자로 붙는 은행을 생각해보자. 이 경우 반년 후의 저축액은 원금의 $(1+\frac{1}{2})$배(=1.5배)가 된다. 그러므로 1년 후의 저축액은 원래의 $(1+\frac{1}{2})\times(1+\frac{1}{2})$배(=2.25배)로 계산할 수 있다. 이렇게 $\frac{1}{n}$년마다 원금의 $\frac{1}{n}$만큼 이자가 붙는 경우, 1년 후의 저축액은 $(1+\frac{1}{n})^n$배가 된다.

여기서 n이 한없이 커지면 (이자가 붙을 때까지의 기간이 짧아지면) 1년 후의 저축액은 얼마나 될까? **이 값을 계산해보면 2.718281…에 가까워진다(수렴한다). 이 수가 바로 e이다.**

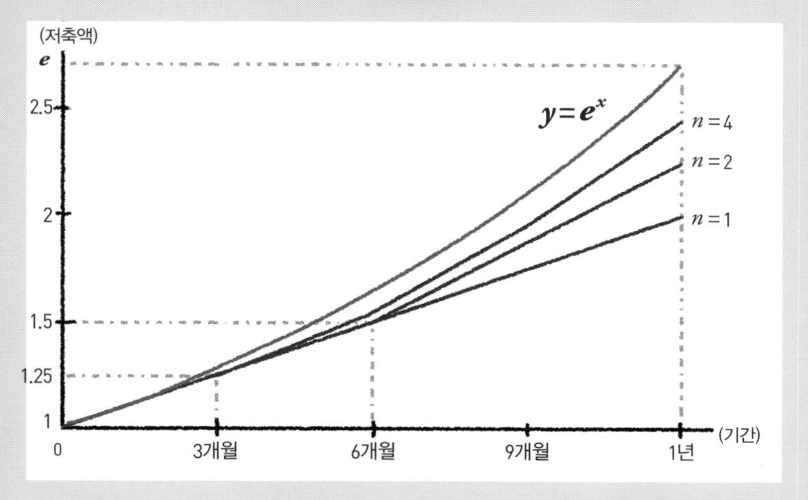

수학자 집안, 베르누이 일가

네이피어 수 e를 발견한 야곱 베르누이를 비롯하여 베르누이 집안은 수학의 명문가로 알려져 있다. **3세대에 걸쳐 여덟 명이나 저명한 수학자를 배출하였다.**

그 첫 번째 인물이 바로 야곱 베르누이이다. 야곱은 e뿐 아니라 '베르누이 수'라는 수열을 발견하여 훗날 수학의 발전에 큰 공헌을 하였다. 또, 야곱은 동생인 요한 베르누이와 함께 미적분학의 보급에도 공헌하였다. 요한은 미적분학에서 '로피탈 정리'를 발견하였을 뿐 아니라, 스위스의 수학자인 레온하르트 오일러(1707~1783, 114쪽에서 소개)를 지도했다고도 알려져 있다.

요한은 역학 연구에도 힘을 쏟았다. 연구를 이어받은 요한의 아들 다니엘 베르누이는 유체역학에서 '베르누이의 정리'를 발견하는 업적을 남겼다. **수학과 과학의 발전에 베르누이 일가는 크나큰 공헌을 했다.**

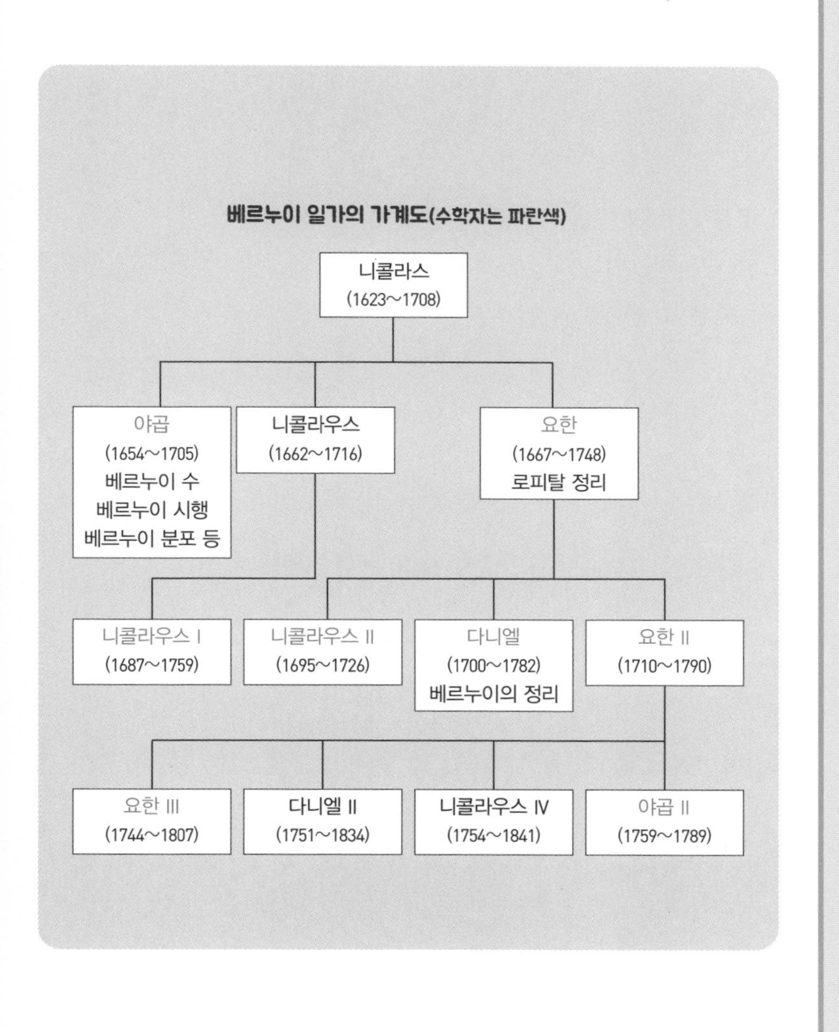
베르누이 일가의 가계도(수학자는 파란색)
니콜라스
(1623~1708)
야곱
(1654~1705)
베르누이 수
베르누이 시행
베르누이 분포 등
니콜라우스
(1662~1716)
요한
(1667~1748)
로피탈 정리
니콜라우스 I
(1687~1759)
니콜라우스 II
(1695~1726)
다니엘
(1700~1782)
베르누이의 정리
요한 II
(1710~1790)
요한 III
(1744~1807)
다니엘 II
(1751~1834)
니콜라우스 IV
(1754~1841)
야곱 II
(1759~1789)

2 오일러는 로그에서 e를 발견했다 ①

로그 함수의 '미분'에서 e를 발견

야곱 베르누이와는 별도로 e를 발견한 또 다른 인물이 있다. 바로 천재 수학자로 알려진 스위스의 레온하르트 오일러(1707~1783)이다. **오일러는 로그 함수 $y=\log_a x$를 '미분'하는 과정에서 e를 발견했다.** 미분에서 어떻게 e를 발견할 수 있었을까? 우선 미분이 무엇인지 알아보자.

미분이란 그래프에서 접선의 기울기를 구하는 것이다

'미분'이란 단순하게 말하면 '그래프의 접선의 기울기'를 구하는 것이다. 로그 함수 $y=\log_a x$의 그래프를 그리면 다음 쪽에 있는 곡선과 같다. 이 그래프에 접선을 그어보자. 어디를 접점으로 정하는지 따라 접선의 기울기가 다르다.

미분이란 접점의 위치에 따라 접선의 기울기가 어떻게 바뀌는지 그 관계를 나타내는 것이다.

로그 함수와 미분

$y=\log_a x$의 그래프와 세 개의 접선을 그려보았다. 세 개의 접선은 모두 기울기가 서로 다르다. $y=\log_a x$를 미분할 때, 접점의 위치에 따라 접선의 기울기가 어떻게 달라지는지 알 수 있다.

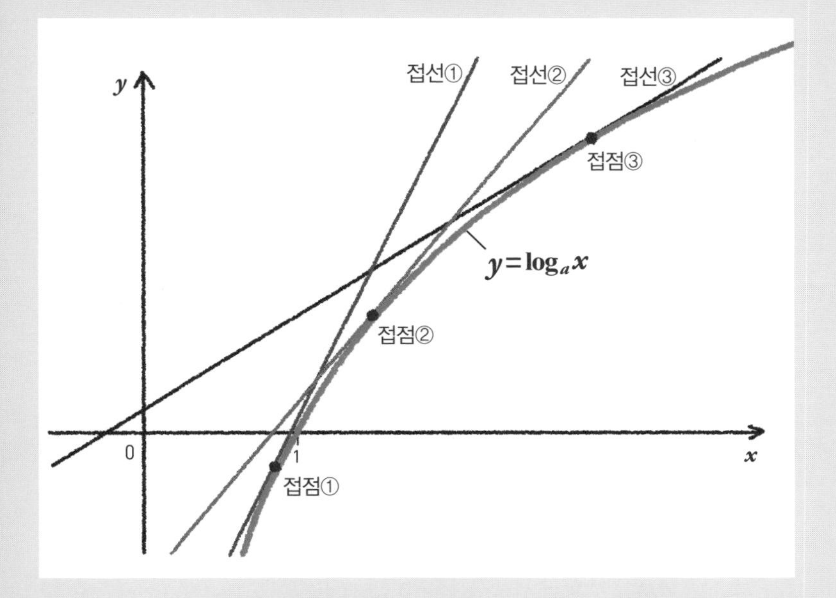

미분의 개념은 내(네이피어)가 죽고 나서 거의 50년 후에 탄생했군.

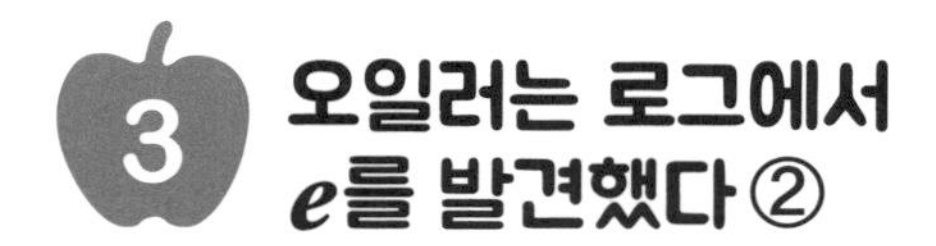

3 오일러는 로그에서 e를 발견했다 ②

오일러는 $y = \log_a x$를 미분했다

미분이 무엇인지 간단히 설명하였으니 오일러가 e를 발견한 이야기로 돌아가보자.

오일러는 $y = \log_a x$라는 식을 미분하여

$$(\log_a x)' = (\frac{1}{x}) \times \log_a (1+h)^{\frac{1}{h}}$$

이라는 식을 구했다. 좌변에 나온 (　　)′은 괄호 안의 수식을 미분한다는 기호이다. 여기에 등장하는 h는 0에 한없이 가까운 수이다.

h를 0에 가까이하면 e가 등장

오일러는 h를 0에 한없이 가까이하면 **미분한 식에 나오는 $(1+h)^{\frac{1}{h}}$의 값이 '2.718281……'이라는 일정한 값에 가까워진다는 사실을 발견하였다. 이 수가 바로 110쪽에서 소개한 e이다.** 이렇게 오일러는 베르누이와는 완전히 다른 방법으로 e를 발견하였다.

$(1+h)^{\frac{1}{h}}$를 e라고 표현하고 앞의 미분식을 다시 써보면

$$(\log_a x)' = (\frac{1}{x}) \times \log_a (1+h)^{\frac{1}{h}} = (\frac{1}{x}) \times \log_a e$$

가 된다.

오일러가 발견한 e

오일러는 로그 함수 $y=\log_a x$를 미분하는 과정에서 e라는 수가 등장한다는 것을 발견하였다. $y=\log_a x$를 미분하면 $(\frac{1}{x})\times\log_a(1+h)^{\frac{1}{h}}$이 된다. 이 h가 0에 가까워지면 $(1+h)^{\frac{1}{h}}=e$가 된다.

$$(\log_a x)'$$

$$= \left(\frac{1}{x}\right) \times \log_a(1+h)^{\frac{1}{h}}$$

↓ h가 0에 가까워지면

$$2.71828\cdots\cdots = e$$

$$= \left(\frac{1}{x}\right) \times \log_a e$$

레온하르트 오일러(1707~1783)

스위스의 수학자이다. 수학뿐 아니라 역학, 천문학, 광학 등 폭넓은 분야에 큰 공헌을 하였고, 수십 권에 달하는 저서와 900편에 가까운 논문을 남겼다.

4 e를 밑으로 하는 자연로그

e를 사용하면 식이 간단해진다

앞쪽에서도 보았듯이 $y=\log_a x$를 미분한 식을 e를 사용하여 나타내면 $(\frac{1}{x})\times\log_a e$가 된다. 그러면 $y=\log_a x$의 a(밑)가 e인 $y=\log_e x$를 살펴보자. 이 식을 미분한 식은 $(\frac{1}{x})\times\log_e e$가 된다. 이때 $\log_e e$는 e를 몇 번 곱하면 e가 되는지를 나타내는 값이므로 1이다. **따라서**

$$(\log_e x)' = (\frac{1}{x})\times\log_e e = \frac{1}{x}$$

이라는 매우 간단한 식이 된다. 어떤 함수를 미분하여 나오는 함수가 간단한 형태의 식이 된다는 사실은 미분 계산을 하는 데 매우 중요하다. 이 때문에 수학의 세계에서는 로그의 밑으로 e가 자주 사용된다. 이 e를 밑으로 하는 로그를 '자연로그'라고 한다.

$y=e^x$는 미분해도 변화하지 않는다

마지막으로 $y=e^x$라는 지수 함수의 미분을 소개하겠다. **$y=e^x$를 미분하면 놀랍게도 e^x가 된다. 즉, 미분해도 형태의 변화가 없다.**

이렇게 e나 자연로그를 사용하면 여러 가지 계산을 간단하게 할 수 있으므로 자연현상이나 경제활동을 수학적으로 분석할 때 종종 e를 볼 수 있다. 단순히 하나의 계산 도구로 태어난 로그는 특별한 수 'e'와 만나면서 인류가 새로운 지식을 향해 나아가는 데 큰 역할을 했다.

$y = \log_e x$와 e^x의 미분

$y=\log_e x$라는 자연로그를 미분하면 $\frac{1}{x}$이라는 간단한 형태가 된다(①). 또, $y=e^x$를 미분하면, e^x의 형태가 유지된다(②). 미분한 식이 매우 간단해지므로 자연로그나 네이피어 수 e는 수학이나 물리에서 자주 등장한다.

① $(\log_e x)'$

$$= \left(\frac{1}{x}\right) \times \log_e e$$

$\log_e e$는 1이다.

$$= \frac{1}{x}$$

② $(e^x)' = e^x$

자연로그나 e^x의 미분은
계산이 무척 간단해지네.

자연계에 존재하는 e

네이피어 수 e는 자연현상을 설명하는 수식에 자주 등장한다. e가 등장하는 식을 구체적인 예로 살펴보자.

먼저, 뜨거운 물이나 커피가 식을 때의 온도 변화를 들 수 있다. 커피 온도를 T_0, 주위 온도를 T_m이라고 하면 시간 t일 때 커피 온도는 일반적으로 '$T_m+(T_0-T_m)e^{-rt}$'라고 나타낸다. 여기 e가 등장한다.

또, 달팽이나 앵무조개의 껍데기에서 볼 수 있는 나선을 '로그 나선'이라고 하는데, 중심에서 바깥쪽으로 갈수록 나선의 폭이 커진다. 중심에서의 거리를 r이라고 할 때, 로그 나선은 '$r=ae^{b\theta}$'라는 식으로 나타낼 수 있다. 이것은 소나 양의 뿔, 나아가서는 태풍의 소용돌이에도 해당한다.

그 밖에도 e가 활용되는 법칙은 많이 있다. 네이피어 수 e는 자연을 이해하기 위해서는 없어서는 안 될 수이다.

오일러는 자식 부자

1707년 스위스에서 태어난 오일러

아버지는 목사, 어머니는 목사의 딸이었다.

대학에서는 신학을 공부했지만,

도중에 수학으로 전공을 바꾸었다.

열세 명이나 되는 자녀들을 낳았다.

갓난아이를 안고 논문을 썼다고도 한다.

1911년부터 출간하기 시작한 『오일러 전집』

업적이 너무 많아 아직도 간행이 계속되고 있다.

실명했지만

1738년경 오른쪽 눈이 보이지 않게 되었다.

1771년경 양쪽 눈의 시력을 잃었지만

오히려 연구에 집중할 수 있어!!

그 후에도 구술필기를 계속하며 열정적으로 활동하였다.

라고 말한 후 의식을 놓고 죽음을 맞이했다고 한다.

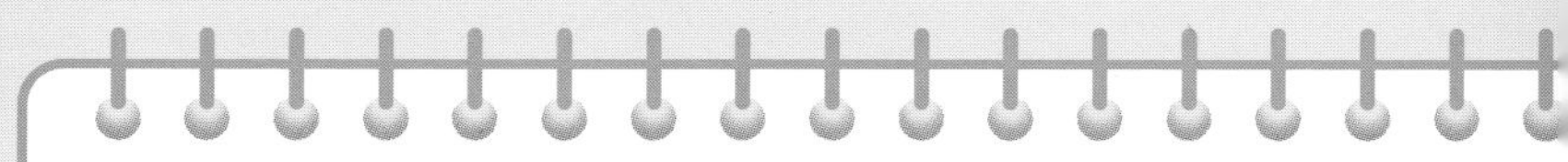

계산자를 만들어보자

종이로 직접 계산자를 만들어 실제 계산에 사용해보자! 다음 쪽의 도안을 복사하여 사용하면 된다.

[재료와 도구]

오른쪽 도안을 복사한 것, 풀, 자, 칼

[만드는 방법]

1 고정자, 이동자, 띠1, 띠2, 커서를 칼과 자를 사용하여 깨끗하게 자른다.

2 고정자의 위와 아래에 있는 길고 좁은 직사각형을 도려낸다.

3 이동자의 양쪽 끝에 풀로 띠1과 띠2를 붙인다(띠1과 띠2는 똑같다).

4 띠를 붙인 이동자의 양쪽 끝을 2에서 만든 고정자의 구멍에 통과시킨다. 이때 고정자와 이동자의 숫자 위아래가 같은 방향이 되도록 주의한다.

5 커서의 검은 선을 바깥으로 접고, 고리가 되도록 풀을 붙인다. 커서는 위아래에 나란히 놓이는 숫자를 읽기 위한 것이다.

6 고정자와 이동자를 고리 상태의 커서에 통과시키면 완성이다! 이동자를 좌우로 움직이면 제2장이나 제4장에서 소개한 곱셈을 할 수 있다. 또, 나눗셈이나 거듭제곱을 계산할 수도 있다. 이 책에서는 곱셈 이외의 계산 방법은 해설하지 않으므로 더 알고 싶은 분은 책이나 인터넷으로 계산자의 사용 방법을 알아보기 바란다.

계산자 이미지 출처 : '일반적인 계산자를 만들자/종이 공작'(국립 연구개발법인 산업기술종합연구소 도미나가 다이스케 박사) (https://staff.aist.go.jp/tominaga-daisuke/sliderule/rectilinear/index.html)

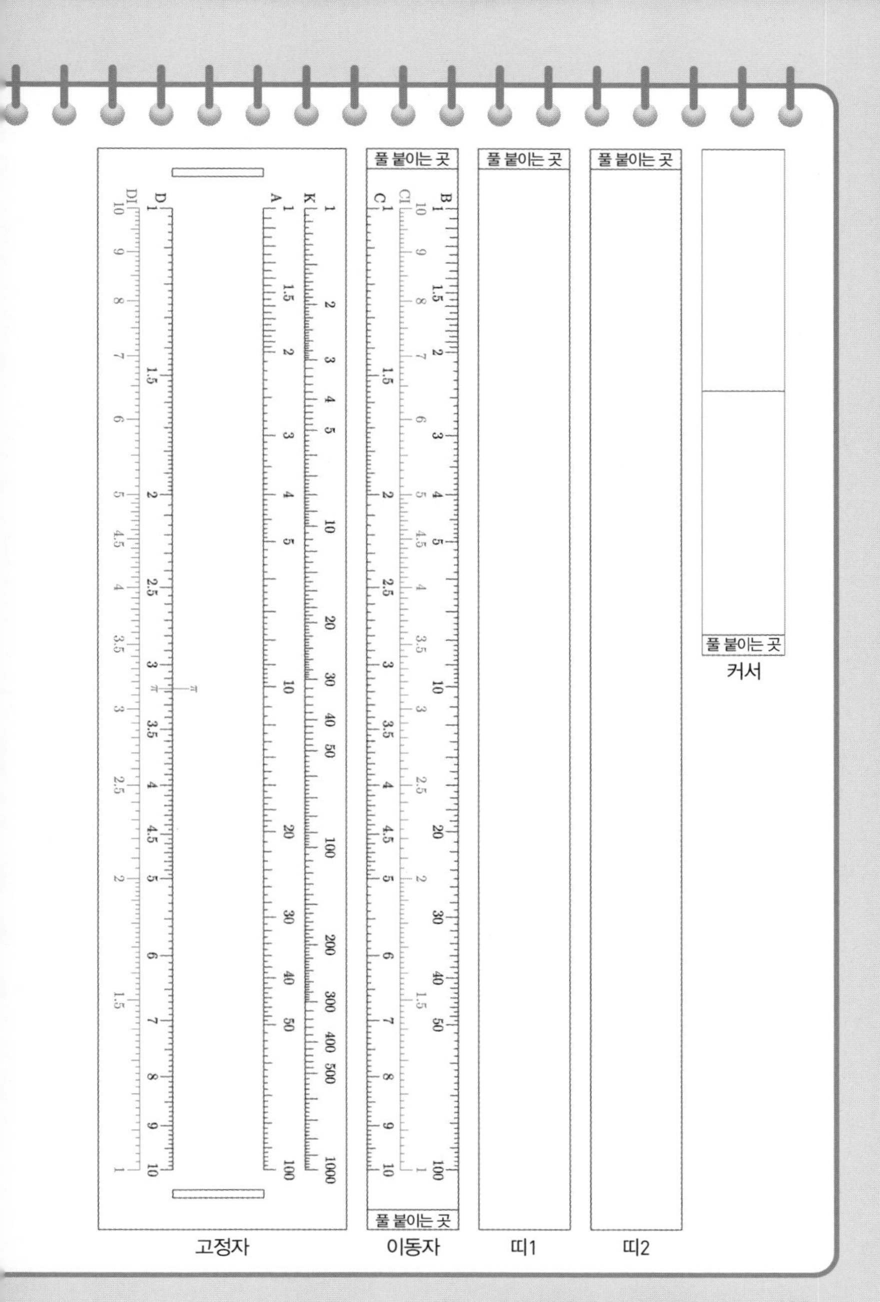
풀 붙이는 곳
풀 붙이는 곳
풀 붙이는 곳
풀 붙이는 곳
풀 붙이는 곳
커서
고정자
이동자
띠1
띠2

Staff

Editorial Management 기무라 나오유키
Editorial Staff 이데 아키라
Cover Design 미야카와 에리
Editorial Cooperation 주식회사 미와 기획(오쓰카 겐타로, 사사하라 요리코), 구로다 겐지

일러스트

4 Newton Press
5 하다 노노카
11 Newton Press
13 Newton Press
15 Newton Press
17 Newton Press
19 Newton Press
21 Newton Press, 하다 노노카
23 하다 노노카
25 하다 노노카
26 Newton Press
28~29 Newton Press, 하다 노노카
31 Newton Press
33 하다 노노카
35 하다 노노카
37 하다 노노카
39 Newton Press, 하다 노노카
40 Newton Press
43 Newton Press, 하다 노노카
44~45 Newton Press
47 하다 노노카
49 Newton Press, 하다 노노카
51 Newton Press, 하다 노노카
52~53 Newton Press
54~55 하다 노노카
56 하다 노노카
59 하다 노노카
61 하다 노노카
63 하다 노노카
64 하다 노노카
65 Newton Press
66 하다 노노카
67 Newton Press
68~71 하다 노노카
75 하다 노노카
77 하다 노노카
79 하다 노노카
80~83 하다 노노카
85 하다 노노카
86 하다 노노카
89 Newton Press, 하다 노노카
91 Newton Press, 하다 노노카
93 Newton Press, 하다 노노카
95 Newton Press, 하다 노노카
97 하다 노노카
101 하다 노노카
103 하다 노노카
105 하다 노노카
106~107 하다 노노카
108 하다 노노카
111 Newton Press
115 Newton Press, 하다 노노카
117 하다 노노카
119 하다 노노카
121~123 하다 노노카
125 @도미나가 다이스케(국립연구개발법인 산업기술종합연구소)

감수

곤노 노리오(요코하마 국립대학 교수)

별책 기사 협력

우에노 겐지(욧카이치대학 세키 고와 수학연구소 소장, 교토대학 명예교수)

본서는 Newton 별책 『이렇게 편리한 지수·로그·벡터』의 기사를 일부 발췌하고 대폭적으로 추가·재편집을 하였습니다.

지식 제로에서 시작하는 수학 개념 따라잡기

미적분의 핵심

너무나 어려운
미적분의 개념이
9시간 만에 이해되는
최고의 안내서!!

삼각함수의 핵심

너무나 어려운
삼각함수의 개념이
9시간 만에 이해되는
최고의 안내서!!

확률의 핵심

구체적인
사례를 통해
확률을 이해하는
최고의 입문서!!

통계의 핵심

사회를 분석하는
힘을 키워주는
최고의 통계 입문서!!

로그의 핵심

고등학교 3년 동안의
지수와 로그가
완벽하게 이해되는
최고의 안내서!!

지식 제로에서 시작하는
수학 개념 따라잡기
로그의 핵심

1판 1쇄 찍은날 2020년 11월 15일
1판 3쇄 펴낸날 2024년 4월 30일

지은이 | Newton Press
옮긴이 | 이선주
펴낸이 | 정종호
펴낸곳 | 청어람e

편집 | 홍선영
마케팅 | 강유은
제작·관리 | 정수진
인쇄·제본 | (주)성신미디어

등록 | 1998년 12월 8일 제22-1469호
주소 | 04045 서울특별시 마포구 양화로 56(서교동, 동양한강트레벨), 1122호
이메일 | chungaram_e@naver.com
블로그 | chungarammedia.com
전화 | 02-3143-4006~8
팩스 | 02-3143-4003

ISBN 979-11-5871-153-5 44410
979-11-5871-148-1 44410(세트번호)

잘못된 책은 구입하신 서점에서 바꾸어 드립니다.
값은 뒤표지에 있습니다.

청어람 e))는 미래세대와 함께하는 출판과 교육을 전문으로 하는 청어람미디어의 브랜드입니다.
어린이, 청소년 그리고 청년들이 현재를 돌보고 미래를 준비할 수 있도록 즐겁게 기획하고 실천합니다.